헤어펌 웨이브 디자인

Hair perm wave DESIGN

권미윤 · 최영희 · 이부형 · 안영희 공저

光文閣
www.kwangmoonkag.co.kr

Hair perm wave DESIGN

PREFACE

인간에게 있어서 아름다움이란 최대의 매혹이다. 천지창조 이래 인간이 만들어 놓은 예술의 극치는 아름다움이라 할 수 있으리라! 인간은 그 아름다움을 표현하기 위해 갈망해 왔다. 시대와 나라에 따라 미(美)의 기준과 유행은 달랐지만, 미에 대한 큰 틀은 변하지 않았다.

기계문명이 그다지 발달하지 않았던 과거에는 아름다움을 저마다 감각적이고 본능적으로 표현하여 왔다. 그러나 기계문명의 발달로 생활이 편리해지고 삶이 풍족해지면서 미용이 산업화되어 눈부신 발전을 해왔다. 현재 우리나라의 미용업 종사자나 업소의 수, 대학의 미용학과 신설 등으로 미용업의 위상 변화는 자긍심을 가져도 좋을 정도로 올라와 있다.

미용의 목적은 인간의 심리적 욕구를 만족시키고 사회생활 및 인간관계를 높이 향상시키는데 있다. 제아무리 멋진 헤어스타일이라도 그 스타일이 어울리는 사람이 있고 그렇지 못한 사람도 있다. 이렇듯 미용에는 여러 가지 특수성이 내재하기 때문에 미용인의 과학적이고 전문적인 기술과 높은 자질이 절대 필요하다.

오늘날 미용은 현대 산업의 첨단으로 각광을 받고 있지만, 학문적 토대는 빈약한 실정이다. 그것에 안타까움을 느낀 저자들이 뜻을 모아 이 책을 집필하게 되었다. 풍부한 현장 경험과 대학 강단에서 후학들을 지도하면서 습득한 내용을 정선하여 누구나 알기 쉽게 쓰려고 노력했지만, 미비한 점이 적지 않을 것이다. 부족한 점은 앞으로 계속 보완해나갈 것을 약속드리면서 선배제현들께 많은 조언 부탁드린다.

끝으로 이 책의 출판에 도움과 수고를 아끼지 않은 광문각출판사 박정태 사장님과 임직원들께 고마움을 전한다.

2016년 3월

저자 일동

Hair perm wave DESIGN

CONTENTS

Hair perm wave DESIGN

PART-Ⅰ

CHAPTER

01 모발의 기초

1. 모발의 정의

모발이란 포유동물의 상피세포가 각화되어 발생한 것으로 피부에 나 있는 털을 의미한다. 손바닥이나 발바닥 · 입술 · 귀두부 · 음핵 등을 제외한 곳에 분포한다. 부위에 따라 두발 · 수염 · 눈썹 · 속눈썹 · 겨드랑이털 · 귀털 · 코털 · 음모 등으로 분류되며, 각기 모발의 길이와 굵기가 다르다. 또한 존재 부위에 따라 고유의 기능을 지니고 있는 것이 특징이다. 모발은 모근부와 모간부로 나눌 수 있는데, 모근부는 모모세포를 비롯한 세포분열이 왕성하게 일어나는 피부 조직 안에 위치한 부분이며, 모간부는 피부의 각질과 같은 부분으로 재생 기능을 가지지 않고 있는 조직이다.

2. 모발의 구조

피부 부속기관인 모발은 피부의 바깥으로 나온 모간(hair shaft)부와 피부 조직 안에 위치한 모근(hair root)부로 나누어진다.

1) 모근과 모간

(1) 모근부

모근부는 피부 조직 안에 있는 모발 생장에 관여하는 모발 부속 기관의 중요한 하부 구조로 모낭(hair follicle), 모구(hair bulb), 모유두(hair papilla), 모모세포(hair matrix), 내 · 외모근초(inner · outer root sheath), 피지선(sebaceous gland), 입모근(arrector pili muscle), 자율신경 등이 존재한다. 특히 모발 성장에 필요한 영양분을 제공받아 세포분열 과정을 통하여 모발을 만들어낸다. 모근은 표피층에서 피하조직층에 걸쳐 자리잡고 있으며, 모구부의 활동에 따라 위치에 차이가 있다. 성장기의 모근은 모구부 부분이 팽창된 상태로 모유두가 진피와 피하조직이 만나는 위치까지 존재하고 있으나, 퇴화기를 거쳐 휴지기로 접어들면서 모구부가 수축하여 모근의 위치가 진피층 상부까지 올라온다.

① 모근(hair root)부 : 모낭 안에 있는 모발 부분으로 피부 내에 매몰되어 있는 부분이며 깊이는 약 2.4㎜이다.

② 모낭(hair follicle) : 모낭은 모근부를 감싸고 있는 내부 피막으로 상피성 모낭과 결합조직성 모낭으로 나누어져 있다. 이 두 모낭 사이에는 얇은 유리막이 존재하고 있으며, 모발이 생성되어 각화되기까지 모발을 보호하고 운반해 준다.

③ 모구(hair bulb) : 모근 밑에 전구 모양을 하고 있으며 내부는 모근이 들어가 골을 이루고 있는 부분이다. 모구부는 모발 생성에 필요한 영양분을 혈관으로부터 공급받는 모유두와 모발을 생성하는 모모세포로 구성되어 있다. 모구부의 활동 상태에 따라 위치에 차이가 있다. 성장기의 모근은 모구부 부분이 팽창된 상태로 모유두가 진피와 피하조직이 만나는 위치까지 존재하고 있으나, 퇴화기를 거쳐 휴지기로 접어들면서 모구부가 수축하게 된다.

④ 모모세포(hair matrix) : 모구부의 끝부분에 있으며 모유두와 접하고 있다. 모유두로부터 공급받은 영양분으로 세포분열을 일으키는 곳이다. 즉, 모모세포의 분열을 통하여 모표피(cuticle), 모피질(cortex), 모수질(medulla), 모낭(hair follicle)이 결정되는 곳이다. 모모세포는 케라틴 단백질 합성세포인 케라티노사이트(keratinocyte)와 모발의 색을 나타내는 멜라노사이트(melanocyte)로 이루어져 있다. 이러한 세포들은 성장기에 활발히 세포분열을 통하여 모발을 생성하게 된다. 모모세포는 인체 중 골수세포 다음으로 세포분열이 활발한 부분이다. 모모세포는 오후 10시에서 오전 2시 사이에 가장 원활한 세포분열을 하기 때문에 수면 부족은 모발 생성의 장애 요인으로 작용할 수 있다. 모모세포는 모발 생성에 있어 직접적으로 중요하게 관여하기 때문에 모모세포의 손상은 영구적인 탈모로 이어질 수 있다.

⑤ 멜라노사이트(melanocyte) : 멜라노사이트에서 멜라닌 색소에 의하여 모발의 색을 결정지어지게 된다. 즉, 모모세포의 케라티노사이트에서 세포분열 시 생성된 모발의 모피질 내로 들어가서 다양한 모발의 색을 나타내게 된다. 모발의 색 결정은 멜라노사이트의 크기와 양에 따라 다르게 나타나며 유멜라닌(eumelanin)과 페오멜라닌(pheomelanin)으로 분류된다.

⑥ 모유두(hair papilla) : 모구 밑 부분의 유두 모양으로 함몰된 부분으로 모발의 생성과 발육에 중요한 역할을 한다. 결합성 모낭과 간엽세포로 구성되어 있으며, 모발의 굵기에 깊이 관여하고 있다. 모유두 주변에는 모세혈관과 자율신경이 연결되어 있으며, 모세혈관으로 영양분을 공

급받아 모모세포에 전달하는 기능을 한다. 만약 모유두가 손상되면 모유두의 기능 저하로 모발 성장의 저해 요인으로 작용하게 된다.

⑦ 피지선 : 모공과 직접 연결되어 있어 피지를 분비하며 모발의 윤기를 부여한다. 피지의 분비는 털에 붙어 있는 작은 근육의 수축을 통하여 분비가 되며, 땀과 결합하여 pH 4.5~5.5 정도의 산성막을 형성하며 피부를 보호해 준다. 이러한 산성막은 외부로부터 두피에 가해지는 자극이나 마찰을 줄이고 모발과 피부의 pH 균형을 유지하며 모발의 광택, 유연성, 탄력성을 준다. 피지의 분비는 신체 부위나 인종, 식습관, 나이, 호르몬, 환경적인 요인에 따라 다소 차이가 있다.

⑧ 입모근(arrector pili muscle) : 입모근은 피지선의 밑에 있는 진피세포와 표피 기저층 바로 밑에 연결되어 있다. 외부 환경에 대한 반응으로 긴장이나 추위, 충격에 대한 자극으로 근육이 수축하여 모발을 수직으로 일으키게 된다. 이 현상은 모발을 수축하는 근육이 인간의 의지와는 상관없는 불수의근으로 평활근의 섬유 다발로 이루어졌기 때문이다. 입모근의 잦은 이완 및 수축 현상은 모유두와 모모세포를 자극하여 피부의 노화를 촉진시키며, 피지선을 자극하여 피지 분비를 증가시킨다. 속눈썹을 비롯하여 눈썹, 코, 뺨, 입술에는 입모근이 없다.

⑨ 모세혈관(capillary vessel) : 모구의 아랫부분에 분포하는 모세혈관은 소화기관으로부터 흡수한 영양분과 산소를 모발생성기관인 모유두에 전달 할 뿐만 아니라 인체에 있는 노폐물을 운반하는 역할을 담당한다.

⑩ 자율신경(autonomic nerve) : 자율신경은 모유두로 부터 공급받은 영양분을 모모세포가 세포분열을 통하여 모발을 생성하도록 명령을 전달하는 역할을 한다. 따라서 자율신경에 이상이 생기면 영양분의 전달 체계가 제대로 이루어지지 못하며 탈모 현상을 초래할 수 있다.

⑪ 내 · 외모근초(inner root sheath · out root sheath) : 모낭 내 모발을 직접 감싸고 있는 부분으로 안쪽의 내모근초와 바깥 부분의 외모근초로 나뉘어지며, 모구부의 세포분열에 의하여 생성된다. 이렇게 생성된 모발은 내 · 외모근초가 직접 보호하고 표피까지 운반된 후 각질화 된다.

⑫ 한선(sweat gland) : 땀이나 노폐물과 같은 분비물을 체외로 배출시키는 기관으로 신체의 체온을 조절하고, 피지와 함께 피지막을 형성하여 피부를 보호해주며, 신체 내 노폐물과 독소를 제거하는 역할을 한다. 신체 일부인 입술, 고막, 귀두를 제외한 전신에 존재한다. 특히, 손바닥, 발바닥, 겨드랑이, 음낭, 대음순, 항문 주위에 잘 발달되어 있다.

한선은 아포크린(apocrine)선과 에크린(ecrine)선의 두 종류가 있다. 아포크린선은 대부분의 포유류에 분포하며 모낭에 부착된 코일형의 모양으로 이루어졌으며, 겨드랑이, 생식기 주위, 남성과 여성의 유두 주위에 분포하며 피지선의 구멍을 통하여 땀을 배출하게 된다. 대한선이라 불리우는 아포크린선은 단백질, 탄수화물을 함유하고 있으며, 무취 · 무균성의 땀이 배출된 후 세균에 의해 약 알칼리성으로 산화되면 특유의 냄새를 가진다. 모낭과 분리되어 있는 소한선이라 불리우는 에크린선은 입술, 음부를 제외하고 전신에 분포되어 있으며, 특히 손바닥이나 발바닥에 많이 분포되어 있다. 소한선의 경우 대한선에 비해 작으며, 피부 표면과 직접적으로 연결되어 있는 관을 통해 체외 배출이 이루어지며, 대부분이 수분으로 특유의 냄새는 없다. 에크린선은 피부 표면으로 하루 평균 700~900cc의 땀을 배출하며, 도관과 땀구멍을 별도로 가지고 있으며 내부 환경, 온도 등의 영향을 받아 작용한다.

(2) 모간부(피부 밖에 있는 모발의 부위)

피부 밖으로 나온 모발로 세포분열에 의해 각화된 케라틴 단백질로 이루어져 있다. 모간부는 크게 모표피(cuticle), 모피질(cortex), 모수질(medulla)로 나눌 수 있으며, 가는 모발인 경우 모수질이 존재하지 않는 경우도 있다.

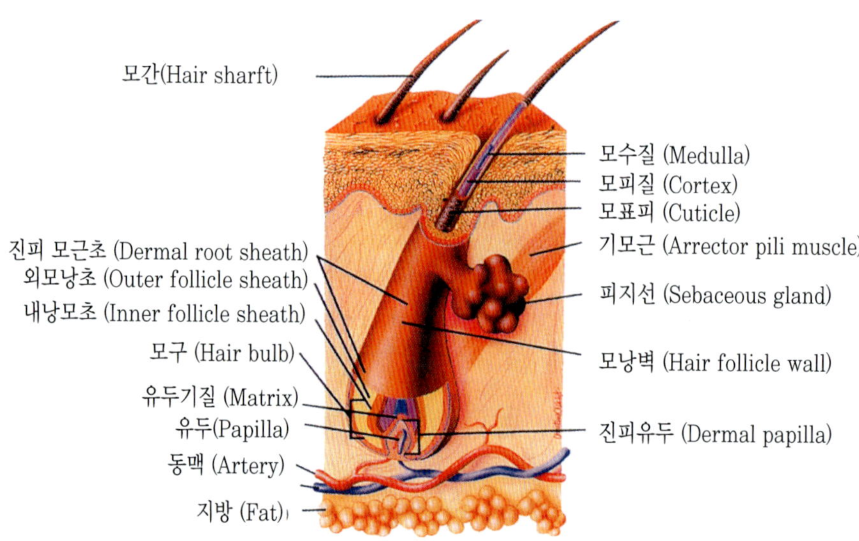

| 모근부의 구조 |

2) 모발의 미세 구조

(1) 모표피(cuticle)

모발의 최외층의 편형무핵의 투명한 세포가 비늘 모양으로 모발 표면을 보호하며 모발 내부를 보호하고 있다. 모표피의 독특한 비늘 모양인 문리는 모발의 굵기에 따라 5~15층으로 겹쳐져 있으며 멜라닌 색소가 존재하지 않으므로 투명하게 나타난다.

모표피의 성질을 보면 강한 친유성으로 물과 약제에 대한 저항력을 지니고 있으며, 외적인 영향으로부터 모피질을 보호하는 역할을 한다. 전체 모에서 모표피는 10~15%를 차지하며, 큐티클의 조직이 조밀할수록 모발은 단단하고 윤기 있는 모발을 유지할 수 있으며 투명, 습윤, 광택, 마찰에 대한 강도가 높다.

모표피는 물리적 자극이나 화학적인 자극에 의해 손상, 모표피가 박리, 탈락하게 되며 모피질에 손상을 주고 결국 모발이 손상된다. 모표피는 인종 및 개인의 건강 상태에 따라 조금씩 달라진다.

① 에피큐티클(epicuticle)

모표피의 가장 최외층막으로 외부의 화학적 약품이나 자극을 직접 받는 부분으로 반투과성으로 수증기는 통과하지만 물은 통과하지 않는다. 다당류, 단백질 등이 견고하게 결합되어 있으며, 산소와 화학약품에 대한 저항이 가장 강한 층으로써 기계적인 작용을 받아 손상되기 쉽다.

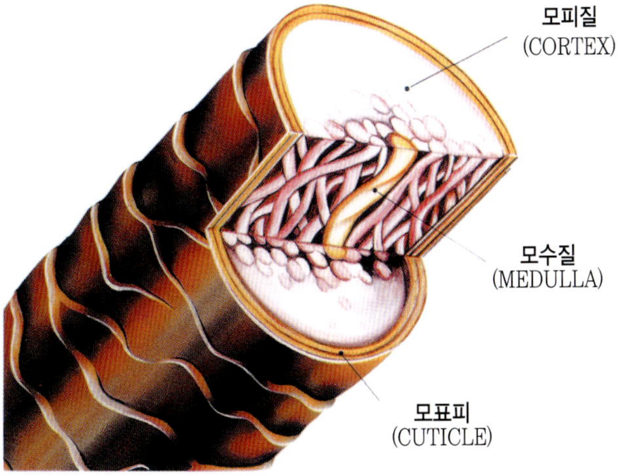

| 모발의 구조 |

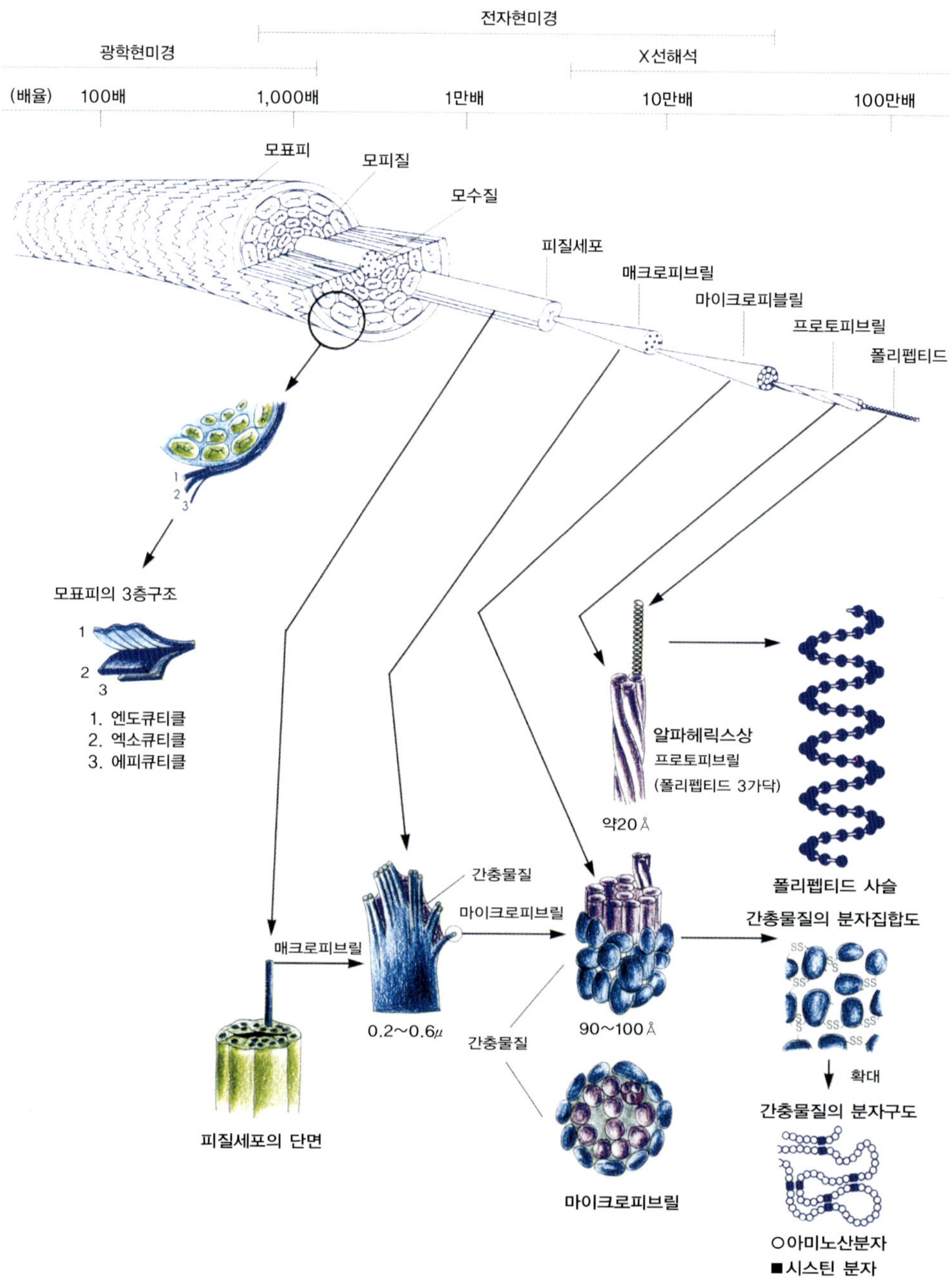
전자현미경
광학현미경
X선해석
(배율) 100배
1,000배
1만배
10만배
100만배
모표피
모피질
모수질
피질세포
매크로피브릴
마이크로피블릴
프로토피브릴
폴리펩티드
1
2
3
모표피의 3층구조
1
2
3
1. 엔도큐티클
2. 엑소큐티클
3. 에피큐티클
알파헤릭스상
프로토피브릴
(폴리펩티드 3가닥)
약20Å
폴리펩티드 사슬
간충물질의 분자집합도
간충물질
마이크로피브릴
매크로피브릴
0.2~0.6μ
간충물질
90~100Å
피질세포의 단면
마이크로피브릴
확대
간충물질의 분자구도
○아미노산분자
■시스틴 분자

| 모발의 미세 구조 |

2 엑소큐티클(exocuticle)

연한 케라틴질의 층으로 시스틴이 많이 함유되어 있고 퍼머넌트 웨이브제와 같은 시스틴 결합을 절단하는 약품의 작용을 받기 쉬운 층이다.

3 엔도큐티클(endocuticle)

모표피의 가장 안쪽이며 시스틴의 함유량이 적기 때문에 케라틴 침식성 약품에 대해서는 강하지만 단백질 침식성의 약품에 대해서는 약한 층이다.

(2) 모피질(cortex)

모표피 내층에 위치하며 피질세포인 결정 영역과 세포간 결합 물질인 비결정 영역으로 이루어져 있다. 피질세포는 모발 길이 방향으로 polypeptide가 규칙적으로 안정적인 배열을 하고 있으며, 피질세포 사이에는 섬유상의 짧고 불규칙한 비결정 영역이 강하게 연결되어 있다. 결정 영역은 화학반응에 대하여 비교적 강한 저항력을 가지고 있으며, 비결정 역역은 친수성으로 외부 자극이나 화학약제에 의해 쉽게 손상되거나 외부로 유출이 쉽다. 간충물질은 모발에 적당한 수분과 탄력을 유지시켜 주는 역할을 한다. 모피질의 특징은 과립상의 멜라닌 색소를 함유하고 있으며 친수성으로 화학약품의 작용을 쉽게 받기 때문에 퍼머넌트 웨이브, 컬러링 등과 가장 영향을 많이 받는 부분이다. 모피질은 전체 모발의 85~90%를 차지하고 있으며, 모발의 특성을 나타내는 중요한 부분으로 결정 영역과 비결정 영역의 결합 상태나 비율에 따라 모발의 질감이나 탄력· 강도· 광택 · 질감 · 색상을 좌우한다.

1 피질세포

결정 영역인 피질세포는 길이가 약 100㎛, 직경이 1~6㎛, 두께가 1.2~1.6㎛ 정도이며, 단단한 폴리펩티드 결합이 길게 연결되어 있으며, 멜라닌 색소와 중앙에 방추형의 섬유 구조의 매크로 피브릴(macro fibril)이 있다. 수소결합이 강하게 결합되어 화학반응이 어려우며 매크로 피브릴, 마이크로 피브릴, 프로토 피브릴, 폴리펩티드로 더 세분화된다.

① 매크로 피브릴(macro fibril) : 장축 방향의 섬유조직으로 조직 사이에 불규칙한 간충물질로 구성되어 있다.

② 마이크로 피브릴(micro fibril) : 프로토 피브릴이 중앙에 2본 원주에 9본으로 전체 11본으로 배열되어 있으며, 섬유조직 사이에 간충 물질이 있다.

③ 프로토 피브릴(proto fibril) : 아미노산의 폴리펩티드 결합 3개가 α helix상의 원통 모양으로 구성되어 있다.

2 간충물질

비결정 영역인 간충물질은 피질세포와 피질세포의 결합을 연결시켜 주는 짧은 코일상의 고분자로 복잡하고 불규칙적으로 배열되어 있다. 수소결합이 약하여 유연하고 화학반응으로 손상받기 쉬운 곳으로 피질세포 사이를 연결시켜 주며 모발의 컬과 탄력성을 결정한다. 모발의 영양 성분인 간충물질의 양에 따라 모발의 성질이나 질감이 다르게 나타난다. 즉, 모발에 적당한 수분과 탄력을 유지시켜 주는 역할 외에도 탄력 있는 퍼머넌트 웨이브의 형성이나 염색 색상의 명확하고 지속적인 착색의 효과도 지니고 있다.

그러나 간충물질이 물리적, 화학적 원인에 의해 손상되면 다시 회복하기 어렵다.

모발을 구성하는 간충물질의 약 49% 이상을 세라마이드라는 성분이 차지하며, 수분 증발을 억제함과 동시에 수분과 결합되어(시멘트 효과) 간충물질의 구조 형성이나 기능에 관계한다.

참고

세포막 복합체(CMC-Cell Menabrane Complex)

단백질과 지질을 포함하고 있는 단위 세포막으로 표피와 표피 사이, 피질 간 세포 사이에서 접착제 역할을 한다. 기능으로는 모피질 내의 수분이나 단백질의 용출을 막고 외부로부터의 이물질의 침입을 막는다. 또한 펌이나 염색 등의 화학적 팽윤 연화에 의해 벌어져 약액 등의 통로 역할을 한다. 하지만 이 층은 펌이나 염색 시술 시에 내부의 단백질을 밖으로 용출시키는 통로가 되어 모발 내부 구조를 무너뜨려서 모발 손상의 주요 원인이 되기도 한다.

(3) 모수질(medulla)

모발 내부의 중심 부분으로 약간의 멜라닌 색소를 포함하고 있다. 시스틴 함량은 모피질보다 작고 벌집 모양의 다각형의 세포가 길이 방향으로 나열되어 있다. 모든 모발에 존재하는 것은 아니며 솜털이나 가는 모발에는 보이지 않고 굵은 모발에 존재한다. 실제적인 기능적 중요성을 갖고 있지 않다고 단정하기도 하지만, 아직 정확하게 알려지지 않았다.

대다수 동물에는 모수질이 차지하는 비율이 높아 전열체의 작용을 한다. 그러나 이 기능은 인간에게는 퇴화되어, 태아와 유아의 모발 또는 초기 모와 같이 부드럽고 가는 모발에서는 찾아볼 수가 없다.

3) 섬유조직과 간충물질의 성질 비교

섬유조직(fibril)	간충물질(matrix)
매크로 피브릴(marcrofibril), 마이크로 피브릴(microfibril), 프로토 피브릴(protofibril), 폴리펩티드(PPT), 아미노산 분자 순서로 이루어져 있다.	섬유조직을 채워주는 역할을 한다.
결정형(結晶形) 케라틴으로 이루어져 있다.	비정형(非情型) 케라틴(C-케라틴이라고도 함)으로 이루어져 있다.
시스틴 함유량이 간충물질보다 적다.	시스틴 함유량이 섬유소보다 많다. 천연보습인자(NMF)를 갖고 있어서 모발 수분의 대부분이 간충물질 안에 보유되어 있다. (간충물질이 유실되면 건조한 모발이 된다.)

4) 모표피와 간충물질의 성질 비교

모표피(cuticle)	간충물질(matrix)
모발 전체의 약 15%	모발 전체의 약 50%
멜라닌 색소가 없다.	멜라닌 색소가 많다.
친유성(親油性), 발수성(發水性)	친수성(親水性)
물리적 마찰에 약하다.	화학작용을 받기가 쉽다.

2. 모발의 성장(hair cycle)

1) 모발의 성장주기

모발의 성장주기란 모모세포에서 세포분열 과정을 거쳐서 하나의 모발이 생성되어 자라나고 일정한 기간이 되면 성장이 멈추고 빠지며 다시 새로운 모발이 생성될 때까지의 일정 기간의 수명주기를 말한다. 이러한 모발의 주기는 지속적으로 이루어지는 것이 아니라 태어날 때부터 결정되며 개인에 따라 각기 다른 양상을 나타내고 있다. 이런 현상을 모발의 성장주기라 하며 모유두의 왕성한 활동으로 모발의 성장이 활발한 시기를 성장기라 하며, 모근부가 수축되면서 모발의 성장이 느려지는 단계를 퇴화기라 하며, 모유두가 위축되고 모구부가 모유두의 활동이 멈춘 시기를 휴지가라 하며, 휴식을 거친 모구부와 모유두가 결합하면서 세포분열이 다시 활발해지는 시기를 발생기라 한다.

이러한 모발의 성장주기인 성장기, 퇴화기, 휴지기, 발생기의 주기는 15회 전후를 반복하면서 나타나게 되며, 모발의 성장주기는 보통 남성이 3~5년이고 여성이 4~6년 정도이나 10년의 주기를 갖는 사람도 있다.

모발의 성장은 남자보다 여자가 더 빨리 자라며, 모발의 최전성기는 18~20세 전후이며 겨울보다는 여름(5~7월)에 가장 빨리 자란다.

또한 발생 부위에 따른 성장주기는 수염이 2~3년, 겨드랑이 털과 음모는 1~2년, 속눈썹은 3~4개월, 눈썹은 4~5개월로 각기 다르다.

(1) 성장기(Anagen)

모발이 가장 활발하게 성장하는 시기이다. 성장기 모포는 분열 개시하여 진행되며 모유두를 자극하여 모모에서 신생모가 발생한다. 성장기는 2단계로 나뉘어지는데, 먼저 형성된 모발이 모구로부터 모낭으로 나가려고 하는 모발 생성 단계와 현재 모낭 안에서 딱딱한 케라틴이 만들어지는 단계로 구분할 수 있다. 전체 모발의 80~90%가 이 시기에 해당하며 성장기의 수명은 3~6년 정도이다.

이 시기에 건강한 모발은 하루에 0.3~0.4㎜ 정도 성장하며, 한 달에 1~1.2㎝ 정도 성장한다. 전체 모발의 성장주기 중 80~90%가 성장기에 해당되며 이는 개인의 연령, 질병과 같은 건강 상태, 유전 인자, 음식물 또는 약물과 같은 생활환경, 호르몬, 비타민 등에 의해 변화될 수 있다.

(2) 퇴화기(Catagen)

성장기가 끝나고 대사과정이 느려지는 시기로 모발의 형태는 유지하지만 모모세포의 분열이 저조해져 그 이상의 케라틴 단백질을 만들어내지지 않는 상태이다. 모구부가 서서히 수축하여 모유두와 분리되기 시작하면서 모구부의 위치가 점차적으로 진피층의 상부를 향하고 있으며, 모모세포의 세포분열이 저하되면서 신생모가 생성되지 않는 시기이다.

전체 모발 수의 1% 정도 차지하며 약 3~4주 정도로 바로 휴지기로 넘어가게 된다.

(3) 휴지기(Telogen)

퇴화기를 거쳐 휴지기에 도달하게 되면 모낭과 모유두는 완전히 분리하게 된다. 모모세포의 분열이 정지되고 분리된 모낭은 위축되고 모근부는 위쪽으로 밀려 올라가게 되어 모발의 성장은 이루어지지 않는 단계이며 모발이 쉽게 빠지게 된다.

휴지기의 모포는 1/3로 단축되고 모근은 위축되어 휴식 상태가 되어 빠진다. 어느 정도 시간이 지나고 나면 자연스럽게 빠짐과 동시에 다시 같은 모낭에서는 새로운 모발이 자라날 준비를 하고 있다. 이 시기의 모발은 빗질, 브러싱, 샴푸 등의 물리적인 자극에 의해 쉽게 자연 탈모되거나 새로운 모발에 밀려 탈모하게 된다.

전체 모발의 10~15% 정도 차지하며 수명은 2~4개월 정도 지속된다. 특히 여성의 출산 후에 나타나는 산후탈모증은 성장기의 모발이 퇴화기를 거치지 않고 바로 휴지기로 넘어가면서 휴지기의 모발이 약 30% 정도까지 증가하게 된다.

따라서 탈모량이 많은 산후탈모증은 임신과 동시에 호르몬의 변화로 나타난 것으로 일시적인 경우가 대부분이라 할 수 있다.

(4) 발생기(New Anagen)

휴지기 동안 쉬었던 모유두가 모구부와의 결합으로 다시 세포분열이 일어나는 시기이다. 새로운 모발이 자라면서 휴지기의 노화된 모발을 위로 밀어 올려서 자연 탈모 되는 것이다.

발생기는 서로 주기가 다른 휴지기 모발과 새로운 발생기의 모발이 공존하고 있으며 그 기간은 매우 짧다.

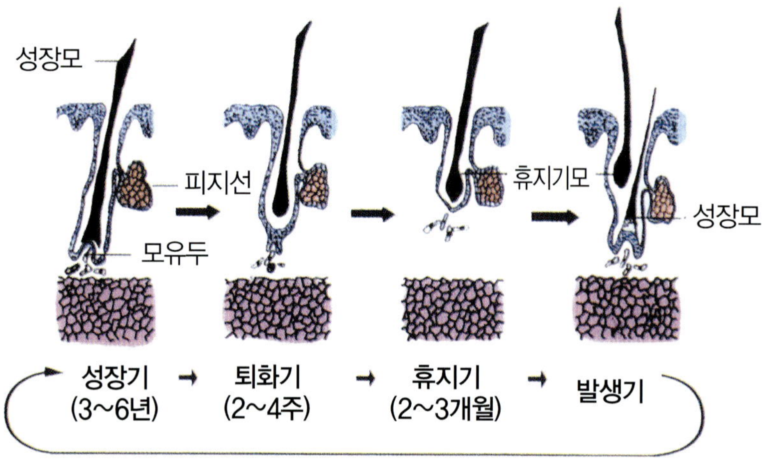

| 모발의 성장주기 |

발생 부위	모주기
두 발	남성 3~5년 여성 4~6년
수염(beard)	2~3년
액와모(underarm)	1~2년
음모(pubic)	1~2년
눈썹(eye brows)	4~5 개월
속눈썹(eyelash)	3~4 개월
솜털	2~4 개월

| 발생 부위에 따른 모주기 |

2) 모발 주기의 두 가지 형태

(1) 신크로나이즈 타입(synchronistic type)

모발 주기가 모두 같아서 모발이 동시에 빠지는 형태로 주로 동물의 털갈이에서 볼 수 있다.

(2) 모자이크 타입(mosaic type)

모발이 각기 독립적인 모주기를 가지고 있어 빠지는 모발과 새로 자라나는 모발이 존재함으로 전체적인 모발의 수에는 큰 변화가 없는 경우로 사람의 모발 주기가 여기에 속한다.

성인 한 사람의 모발 수는 동양인이 평균 10~12만 개, 서양인은 평균 10~14만 개 정도이며, 모발의 색에 따른 수는 적색모발이 9만 개, 갈색모발이 10만 개, 금발은 12~14만 개 정도이다.

모발의 성장주기에 따라서 성장을 멈춘 모발이 자연스럽게 빠지는 현상으로 이상 탈모와 차이점은 대개 하루 동안 빠지는 모발의 수와 탈모 시 모근의 모양으로 구분할 수 있다. 개인적인 차이가 있지만 하루에 100개 이상 빠지게 되면 이상 탈모로 간주할 수 있다.

자연 탈모근의 모양은 끝이 곤봉처럼 둥글지만 이상 탈모의 경우 끝이 변형된 모양을 갖고 있다. 나이가 들수록 성장기가 짧아지므로 모발 주기가 단축이 되면 일일 탈모 수도 증가하게 된다. 배냇머리는 만 2살 전후에 다 빠지며, 자연 탈모는 계절적으로 가을에 가장 많이 나타나는데, 그 이유는 여름철의 저조한 영양공급으로 두피가 땀과 지방 분비물로 불결해진 모근에 휴지기가 빨리 오게 되어 가을에 그 증상이 나타나기 때문이다.

정상인의 1일 탈모 수는 하루에 30~80개 정도이며, 환절기에는 50~150개 정도이며 나이가 들수록 더 많이 빠지게 된다.

3) 모발 성장에 영향을 미치는 요인

요즈음 나이에 상관없이 연모화 현상과 빈모화 현상, 탈모증이 20대 젊은이들에게도 빈번히 나타나며, 모발에 대한 많은 고민들을 호소하고 있다. 탈모증상과 백모 현상의 연령층이 낮아지는 것과 관련하여 모발 성장에 영향을 미치는 요인으로 다음과 같은 것이 있다.

(1) 식생활의 변화

서구화된 식생활로 육류의 소비가 늘어나면서 고단백 · 고칼로리의 동물성 지방이나 단백질의 지나친 섭취로 인하여 영양 과잉이나 영양 불균형이 초래되었다. 성인병이 증가하며서 혈액순환이 나빠지고 영양분의 공급이 모유두까지 전달되지 못하기 때문에 모발이 가늘어지며 탈모가 일어나기도 한다.

또한 인스턴트식품의 증가이다. 바쁜 현대인들이 편리하게 식사하기 위하여 섭취하는 인스턴트식품에 첨가된 인체에 유해한 성분이 체내에 흡수, 축적되어 내장의 세포 변형에 악영향을 끼치며 모발에까지 영향을 미친다. 즉, 급격히 발달한 인스턴트식품의 범람으로 돌연변이 기형세포라고 하는 변형된 세포를 가진 젊은 사람들이 증가하였다. 그들의 공통된 증상으로 축모 현상이 일어난 것을 볼 수 있다.

(2) 다이어트

대부분의 현대 여성들은 다이어트에 깊은 관심을 가지고 있다. 서양인에 대한 미의 의식이 높아지고 대중매체를 통하여 미에 대한 부각은 젊은 여성을 비롯한 대부분의 연령을 초월하여 나타나는 현상으로 무리한 다이어트 현상으로 나타나고 있다. 따라서 신체의 건강 상태와 체질을 벗어난 무분별한 다이어트 현상은 부정적인 결과를 보여주고 있다. 요즈음은 식생활의 향상으로 영양소가 부족한 경우가 매우 드물지만, 근래에 와서 지나친 다이어트나 그릇된 다이어트 방법으로 인하여 건강을 해치는 사례가 늘고 있다. 이러한 경우 신체에 심각한 부작용을 일으키게 되며 그 현상의 하나로 모발의 윤기를 잃거나 탈모를 일으키는 원인이 되기도 한다. 또한 질병이나 약의 오남용 등으로 인한 소화 흡수장애로 영양 부족을 일으키게 되며 모발 성장과 건강에 영향을 미치기도 한다.

(3) 수면 부족

현대인들에게 나타나는 빈모나 탈모의 원인으로 여러 가지가 수면 리듬이 일정하지 않고, 바쁜 업무로 인한 수면 부족을 들 수 있다. 인체의 몸 안에는 체내 시계가 있어 자정부터 새벽 4시까지는 하루 중 가장 편히 쉴 수 있는 상태가 되는데, 이러한 체내 시계를 무시한 생활습관은 원활한 혈액순환과 산소, 영양 공급이 몸 안의 장기에 충분히 전달되지 않음으로 체온 저하가 일어나고 그와 함께 두피 온도가 저하됨에 따라 탈모와 빈모가 쉽게 일어난다.

(4) 모유두의 기능 정지 또는 퇴화

여러 가지 외부 요인으로 인해 모유두에 화상, 염증, 외상 등의 상처를 입었거나 퍼머넌트, 염색, 탈색 등의 각종 미용 시술 시 제품의 화학성분에 의한 모유두가 손상되었거나, 머리를 묶는 등 강한 물리적인 자극에 의해 모유두와의 결속력이 약해지게 되며 모발 생장이 어렵게 되기도 한다.

(5) 스트레스

현대인들에게 스트레스는 피할 수 없는 것 중의 하나이다. 스트레스는 자율신경과 호르몬에 관여한다. 긴장이나 불안감 등은 교감신경의 작용을 활발하게 하는데, 교감신경은 혈관을 수축시키는 작용에 관여하므로 모발의 영양 공급에 직접적인 영향을 주어 모발 성장장애를 초래하게 된다. 또한 스트레스로 인한 호르몬 대사에 이상이 생긴 경우에도 모발의 성장 및 탈모에 영향을 주게 된다.

(6) 화학약제의 사용

현대의 많은 여성은 아름다움을 위하여 자신의 모발에 많은 변화를 추구하게 된다. 특히 트렌드 경향에 따라 민감해지는 헤어스타일의 다양한 추구로 염색이나 탈색, 퍼머넌트 등으로 인하여 화학제품에 의한 모발 손상에 노출되어 있다. 이러한 화학적인 영향으로 모발의 모표피층의 파괴가 쉽게 일어나 건성 모발이 되기 쉬우며 지모 현상도 증가하게 된다. 따라서 무분별한 화학약품의 과다 노출로 인하여 두피의 화상이나 상처로 탈모가 될 우려도 있다.

| 모발에 함유된 아미노산의 비율과 특징 |

이름	함유량(%)	분자량	pH	화학구조 R
Cysteine	16.6~18.0	121	5.0	NH_2 $H-C--CH_2-SH$ $COOH$
*Glutamic acid	13.6~14.2	147	3.2	$-CH_2CH_2COOH$
Isoleucine(필)	11.1~13.1	131	6.0	$-CH-CH_2CH_3$ $-CH_3$
#Arginine(필)	**8.9~10.8**	174	10.8	$-CH_2CH_2CH_2NHC=NH$ NH_2
Serine	7.4~10.6	105	5.7	$-CH_2OH$
Threonine(필)	7.0~8.5	119	5.6	$-CH_2(OH)CH_3$
*Asparagine	3.9~7.7	132	5.4	$-CH_2COOH$
Proline	4.3~6.7	115	6.3	$-CH_2$ $-CH_2$ 〉 CH_2
Glycine	4.1~6.5	75	6.0	$-H$
Valine(필)	4.7~5.5	117	6.0	$-CH(CH_3)_2$
Alanine	2.8~4.4	89	6.0	$-CH_3$
Phenylalanine(필)	2.4~3.7	165	5.5	$-CH_2$ ⬡
Tyrosine	2.2~3.1	181	5.7	$-CH$ ⬡ OH
Leucine(필)	1.9~3.3	131	6.0	$-CH_2CH(CH_3)_2$
#Histidine(필)	0.6~1.2	155	7.6	$-CH_2\ C-NH$ 〉 CH $CH-N$
Methionine(필)	0.7~1.0	149	5.7	$-CH_2CH2SCH_3$
Tryptophan(필)	0.4~1.0	204	5.9	$-CH_2NH-$ ⬡
#Lysine(필)	0.2~0.8	146	9.7	$-(CH_2)_4NH_2$

*: 산성아미노산 # : 염기성아미노산 기타 : 중성아미노산 (필) : 체내에서 생성되지 않기 때문에 음식을 통해서 섭취해야 되는 필수아미노산

3. 모발의 구성과 화학 결합

모발은 대략 탄소(C) 58%, 산소(O) 22%, 질소(N) 9%, 수소(H) 6%, 황(S) 5% 등으로 조성되어 18가지 아미노산으로 결합되어 있으며, 케라틴이라고 하는 경단백질로 이루어져 있다.

1) 모발의 구성 성분

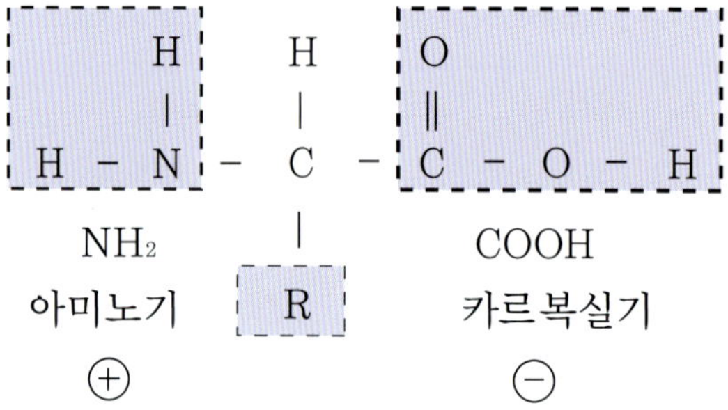

| 아미노산의 일반 구조식 |

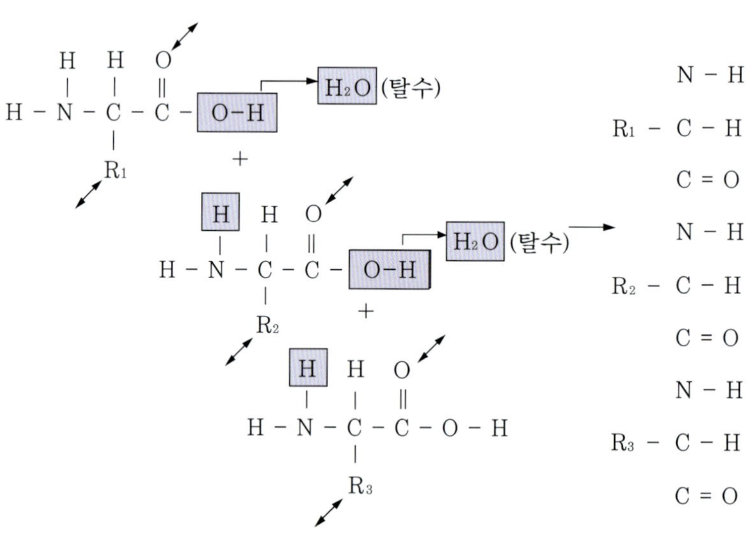

| 시스테인의 일반 구조식 |

(1) 케라틴

모발의 주성분인 케라틴 단백질은 18가지 종류의 아미노산으로 결합되어 있는데, 특히 시스틴을 16~18% 정도 함유하고 있다. 모발의 경우 탄소(C), 산소(O), 질소(N), 수소(H), 황(S)으로 조성되어 있다. 케라틴 단백질은 경단백질(손톱, 인모, 양모)과 연단백질(피부)로 구분할 수 있으며, 케라틴을 태우면 유황 화합의 특유의 냄새가 난다.

(2) 수분

모발 중의 수분은 탄력성, 광택, 통풍, 잡아당길 때의 인장 강도, 정전기의 양과 같이 모발의 성질과 미용상의 특성에 영향을 준다.

(3) 지질

모발의 지질은 피지선에서 분비된 피지와 피질세포 자체가 가지고 있는 지질을 함유하고 있다.

1 피지

피지의 분비량과 조성은 연령, 성별, 인종, 호르몬 등 내부 요인과 온도, 마찰 등의 외부 요인에 따라 영향을 받으므로 개인차가 크다. 피지의 분비량은 하루에 1~2g 정도인데, 피지선은 두부에 가장 많이 분포되어 있고, 그 수는 1㎠당 400~900개이다. 모발의 피지는 모발의 1~9%를 차지하고 있으며 성분은 유리지방산(56%)과 중성 유지분(44%)으로 되어 있다.

피지선 또는 유선은 피지(sebum)를 생산하며 이것은 몸의 땀과 섞여서 산성막을 형성한다. 모발의 표피를 덮고 있는 산성막은 외부로부터 두피에 가해지는 자극이나 마찰을 줄이고 모발과 피부의 pH균형을 유지하는 등 모발 생성에 있어 중요한 역할을 한다.

2 피지막

땀과 모낭 중의 성분과 혼합하여 W/O형의 유액상이 되어 피부와 모발의 표면에 넓게 얇은 피지막(지방막)을 형성한다. 이 피지막은 피지 중의 유리지방산과 땀의 유산, 아미노산 등에 따라 약산성(pH 4.5~5.5)으로 되어 있다.

(4) 미량원소

모발의 구성 성분에는 기본 요소 외에도 색소 구성에 있어서 측정되는 요소들이 들어있다. 거기에는 다양한 금속들이 검출되었는데, 대부분 외부에서 모발에 부착되어 모발섬유조직에 포함된 요소들이다. 모발의 색은 미량으로 포함되어 있는 금속의 종류에 따라 다르게 결정된다. 백모는 니켈, 금발은 티탄산염, 붉은 모발에는 철, 몰리브덴, 검은 모발에는 동, 코발트, 철이 함유되어 있다. 미량원소로서는 이들 금속 외에 인, 규소 등의 비금속을 포함하는 30종의 무기 성분이 보고되고 있으며 모발 중의 미량원소 중에 칼슘, 마그네슘, 나트륨, 칼륨 등은 모발용 화장품과 수돗물에 통상 함유되어 있는 것으로 외부에서의 축적이 많은 성분이다.

(5) 멜라닌 색소

멜라닌 색소는 모모세포 상부에 존재하는 색소형성세포(melanocyte)에 의해 생성되며 아미노산의 일종인 티로신으로부터 산화·중합을 거쳐 형태가 이루어지며 피부색과 모발색을 결정한다. 즉, 티로신(tyrosine)이라고 하는 아미노산이 티로시나아제(tyrosinase)라고 하는 산화효소를 많이 함유한 적혈구에 의해 멜라닌 색소 과립을 만든다. 이렇게 형성된 멜라닌 과립은 멜라노사이트의 돌기 부위를 통해 모발의 피질세포 내에 존재하였다가 모발이 각화되기 전에 세포 내로 들어가 모발 성장과 함께 이동하게 된다.

멜라닌은 적갈색에서 짙은 흑갈색을 나타내는 유멜라닌(eumelanin)과 황적색을 나타내는 페오멜라닌(pheomelanin) 두 종류로 나누어진다. 갈색과 검은색의 모발은 유멜라닌의 색소를 더 많이 함유하고 있으며, 금발색의 모발은 페오멜라닌의 색소를 더 많이 함유하고 있다. 모발의 이상 현상 중의 하나인 백모 현상은 멜라노사이트의 세포분열 과정 중 DOPA quinone에서 정지된 상태로 더는 tyrosinase효소를 만들지 못하여 산화작용이 이루어지지 못한 상태이며 gray hair나 백모 현상으로 나타낸다.

도파퀴논은 두 가지 반응으로 진행되는데 도파크롬을 거쳐 흑갈색의 유멜라닌을 생성하는 경로와 도파퀴논이 케라틴 단백질에 존재하는 시스테인과 결합한 후 적갈색의 페오멜라닌을 생성하는 경로로 나누어지는데, 모발에서 일어나는 산화염색 반응에 따른 결과로 모발의 색이 결정되는 것이다. 비교적 입자가 크고 화학적으로 쉽게 파괴되는 유멜라닌에 비하여 페오멜라닌은 비교적 작으며 화학적으로도 안정된 구조를 이루고 있다. 시스테인 함량이 많은 모발에는 페오멜라닌이 많이 존재하며, 흑갈색의 모발을 탈색시켰을 때 붉은 계통의 색상이 보이는 것은 바로 유멜라닌이 먼저 파괴되어 적갈색의 페오멜라닌이 남아 있기 때문인 것이다.

1 유멜라닌(eumelanin)

적갈색에서 짙은 흑갈색을 나타내는 색소로 주로 흑인이나 황인종들의 피부나 모발색을 결정한다. 전자현미경으로 관찰하여 보면 길이 0.8~1.2㎛, 두께 0.3~0.4㎛의 타원형으로 분자량이 높은 중합체(polymer)로 물에 용해되지 않는다.

2 페오멜라닌(pheomelanin)

노란색에서 붉은색을 나타내는 색소로 백인들의 피부색과 모발색을 결정하며 유멜라닌에 비해 입자가 작다.

3 멜라닌의 합성

뇌하수체에서 색소세포자극호르몬이 분비되면 멜라노사이트 내의 티로시나아제가 티로신을 산화중합해 도파(DOPA)를 만들고 중합을 거듭해서 도파퀴논(Dopaquinone)을 지나 멜라닌 과립을 만든다. 유전적 원인에 의하여 시스테인 도파(Cysteine Dopas)가 활성화되면 페오멜라닌이 만들어진다.

자외선 등의 태양광선은 색소세포자극호르몬과 효소의 기능을 활성화시켜 멜라닌 생성을 촉진하게 된다. 따라서 적도 부근 흑인들의 피부나 모발에는 멜라닌이 많이 함유되어 색이 짙으며 피부와 모발을 보호해 준다. 어떠한 원인으로 멜라노사이트의 기능이 저하되거나 산화효소의 작용에 이상이 생기면 멜라닌 과립이 모발의 각화세포로 전달되지 않거나 생성이 억제되어 백모가 된다.

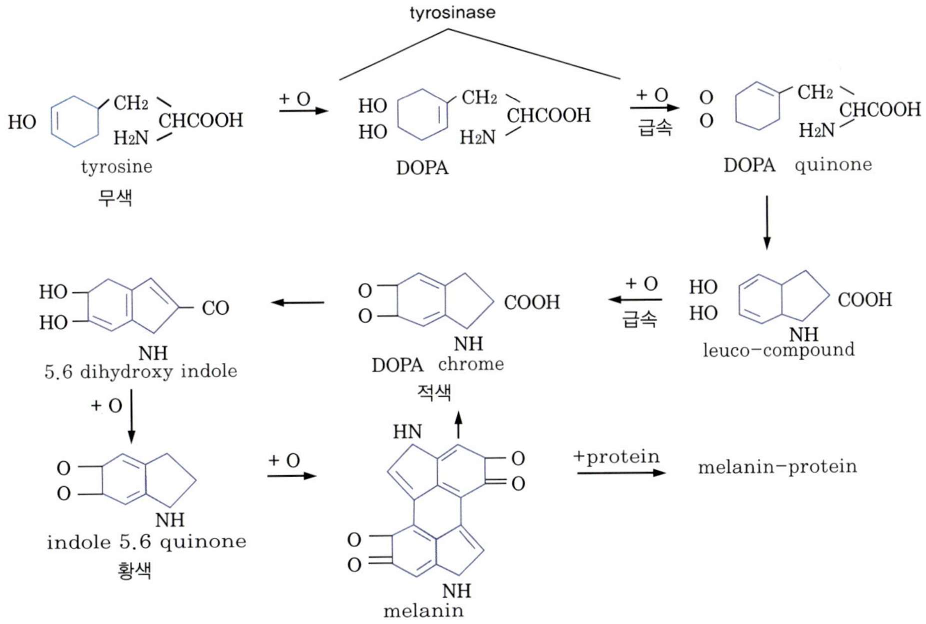

| 멜라노사이트 형성 과정 |

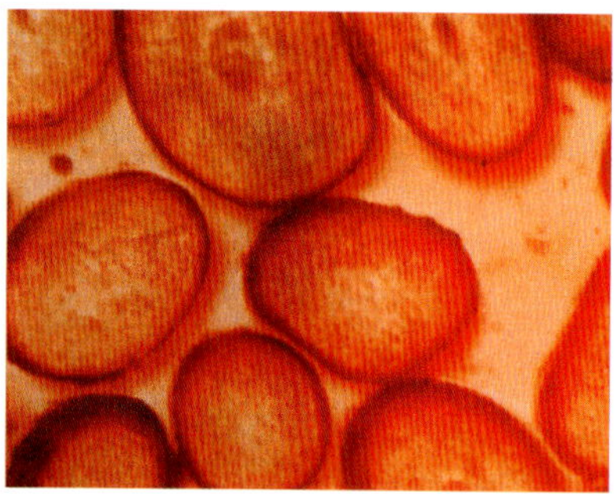

멜라닌

| 색소형성세포 |

구분 \ 항목	eumelanin	pheomelanin
색상	흑갈색	황적색
크기	크다	작다
자외선방어력	크다	작다
모양	타원형	구형
황 함유 유무	비함유	함유
탈색 유무	쉽게 탈색됨	쉽게 탈색 안 됨

| 유멜라닌과 페오멜라닌의 차이 |

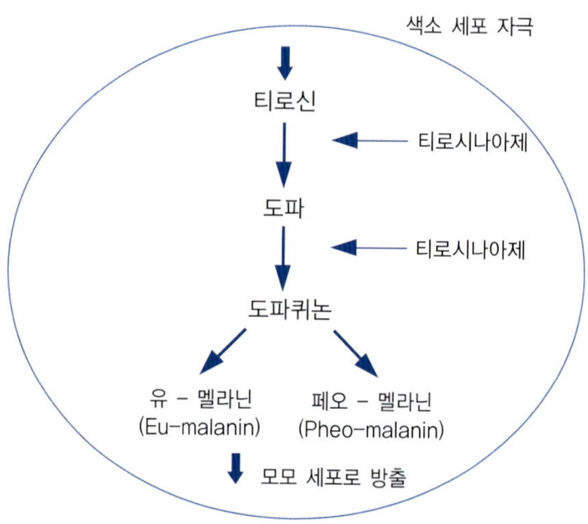

| 멜라닌 형성 과정 |

2) 모발의 화학 결합

모발의 기본 구조를 살펴보면 길다란 세 가닥의 케라틴 단백질이 결합하여 단단하게 꼬여있는데, 이는 많은 화학적인 조성들이 모발의 여러 가지 물리 · 화학적인 특성들을 부여하기 위해서 조직적이고 복잡한 화학 결합을 하고 있다. 이러한 아미노산이 세로로 연결되어 있는 주쇄 결합(主鎖結合)은 폴리펩티드끼리의 결합으로 이루어져 있고, 가로로 연결되어 있는 측쇄 결합(側鎖結合)은 인접한 측쇄끼리 연결되어 있다.

(1) 주쇄 결합

케라틴 단백질의 주 사슬을 이루기 위해서 수백에서 수천 개의 아미노산이 모여서 폴리펩티드 결합을 이루고 있으며, 측쇄 결합에 비하여 결합력이 더 강하기 때문에 모발이 가로보다 세로로 더 쉽게 끊어지게 되는 것이다.

(2) 측쇄 결합

모발의 케라틴은 다음 3종류의 측쇄 결합에 의해서 단단하게 연결되어 있어서 기계적으로도 매우 튼튼한 구조를 하고 있으며 탄력이 있다. 펩티드 결합, 시스틴 결합, 염(이온) 결합, 수소 결합 등이 있다. 퍼머넌트 웨이브제는 측쇄 결합의 시스틴 결합을 끊어주는 역할을 한다.

1 시스틴 결합 (cystine bond)

케라틴 단백질의 특징 가운데 하나는 시스틴을 많이 함유하고 있으며 시스틴의 황(S)끼리의 결합은 측쇄 결합 중에서 가장 강해서 화학약품(환원제)을 사용하여야만 끊어진다. 이러한 원리를 이용한 미용 기술이 바로 퍼머넌트 웨이브이다. 시스테인(cysteine) 아미노산 두 개가 모여서 시스틴(cystine)이 되는데, 유황(S)을 비교적 많이 포함하고 있어서 |-S-S-| 황 결합이라고도 한다. 주쇄 결합보다는 결합력이 약하여 모발은 길이로 갈라지기 쉽게 된다.

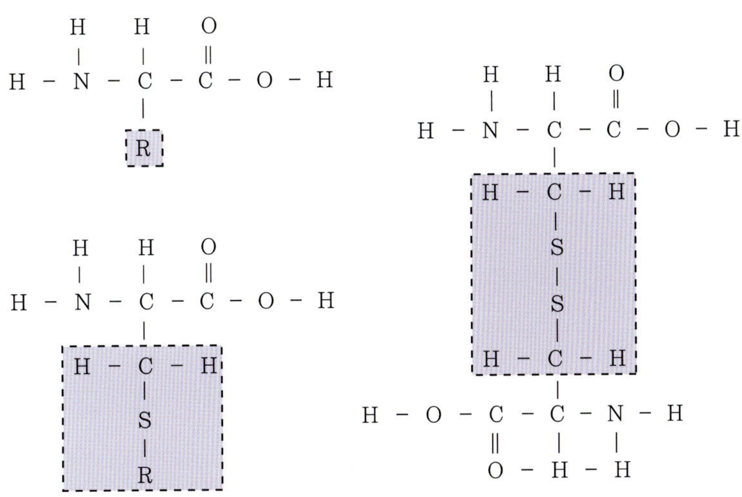

시스테인 시스틴

| 시스틴의 일반 구조식 |

2 이온(염) 결합(ionic bond)

인접한 주쇄 간의 아미노기(NH_2+)와 카르복실기(COOH-)가 정전기적 결합을 한 것이어서 양쪽의 전위 차가 없을 때 가장 강하게 결합한다. 즉, 모발이 등전점에 있을 경우 이온 결합이 강하고 강산이나 강알카리일 때는 결합이 약해진다.

3 수소 결합(hydrogen bond)

주쇄 결합 중 탄소와 이중 결합하고 있는 산소가 다른 쪽의 주쇄 결합의 질소와 결합하고 있는 수소와 결합한 것으로 한 개의 수소 결합력은 약하나 측쇄 결합 가운데 수소 결합이 가장 많이 존재하기 때문에 모발을 다양하게 변화시킬 수 있다. 이 결합은 물에 의해서 쉽게 끊어지기 때문에 일시적인 드라이, 아이론, 세팅의 결합에 관여한다.

4 펩티드 결합(peptide bond)

글루타민산과 리신과 같은 아미노산은 측쇄에 있는 아미노기와 카르복실기가 탈수되면서 결합하는 것으로 서로 펩티드 결합으로 연결되어 있다.

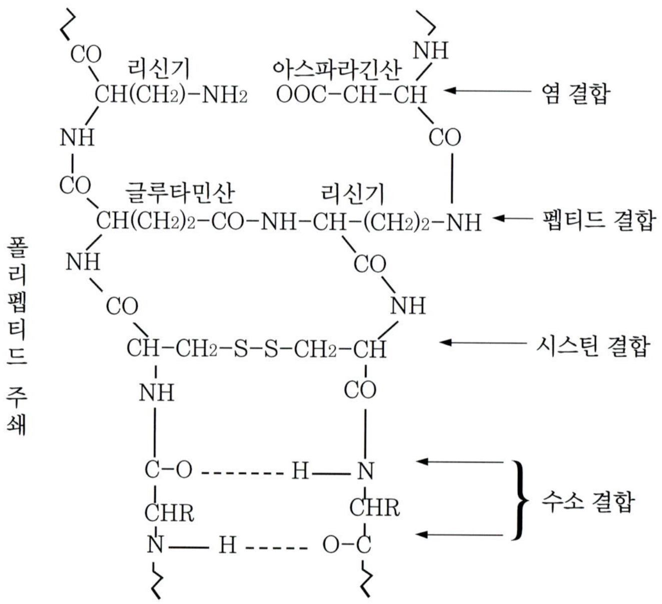

| 모발의 측쇄 결합 |

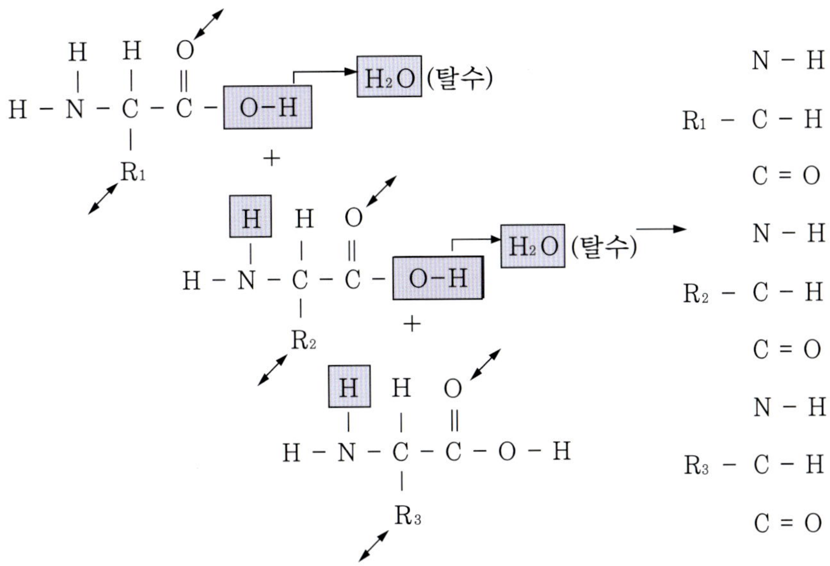

| 폴리펩티드 |

참고

• **모발의 구조**

– 모근부(피부 속에 있는 모발 부위) : 모낭, 모구, 모유두, 모모세포, 내 · 외 모근초, 피지선, 입모근, 한선

– 모간부(피부 밖에 있는 모발 부위) : 모표피, 모피질, 모수질

• **모발의 성장**

– 모발의 성장주기 : 모발이 생성되어서 자라고 빠지며 다시 새로운 모발이 생길 때까지의 수명 주기

단계	내용	비율	기간
성장기	모발이 성장하는 기간	전체 모발의 80~90%	3~6년
퇴화기	성장기가 끝난 후 대사과정이 느려지는 시기	전체 모발의 1%	2~4주
휴지기	모모세포 분열이 정지되고 빗질 등에 의해 쉽게 빠지는 시기	전체 모발의 4~14%	2~4개월
발생기	새로운 모발이 자라면서 기존 모발이 자연 탈모되는 시기		

CHAPTER

02 모발의 특성

1. 모발의 일반적 특성

1) 모발의 굵기

모발의 굵기는 연령, 환경, 건강 상태, 인종이나 개인의 특성, 모발의 성장주기에 따라 다르지만 0.05~0.20㎜ 정도이다. 보통 연모는 0.06㎜ 이하의 모발을 의미하며, 굵은 경모인 경우는 0.20㎜ 정도이다.

모발의 굵기는 발생 부위와 위치에 따라 약간의 차이를 두고 있어 신체를 덮고 있는 솜털은 부드러운 반면에 두발, 수염, 눈썹, 속눈썹, 겨드랑이 털 등은 굵은 경모로 이루어져 있다.

2) 모발의 밀도

신체에 있는 모든 털은 약 100만 개 정도이며 모발의 수는 개인에 따른 차이가 있다.

일반적으로 모발의 밀도는 여성이 남성보다 높으며, 남성이 여성보다 탈모가 되는 경우가 많다. 이것은 호르몬에 의한 것으로, 남성호르몬은 모발의 성장을 억제시키는 작용하는 반면 여성호르몬은 모발의 성장을 도와주는 작용을 하기 때문이다. 또한 폐경기의 여성인 경우 탈모량이 증가하게 되는데, 이는 여성호르몬이 감소되면서 일정하게 유지되는 남성호르몬의 비율이 상대적으로 높아지게 되어 탈모가 되는 것이다. 모발의 수가 같은 경우라 하더라도 모발의 굵기나 모발의 형태에 따라 밀도는 다르게 보일 수 있다.

모발의 수는 인종이나 모발의 색상에 따라 차이가 있으며, 금발인 경우 14만 개, 황갈색 모발인 경우 11만 개, 흑갈색의 모발인 경우 10만 개, 붉은색 모발인 경우 9만 개 정도이다. 일반적으로 1㎠당 약 150개 정도이며, 모발의 밀도는 두피의 위치에 따라 다소 차이가 있으며 탈모부위나 성별에 따른 특징을 가지고 있다.

모발은 하루에 40~80개 정도 빠지며 빠진 모발 수에 따른 모발의 성장이 계속 진행되므로 일정한 모발의 수를 유지하게 되는 것이다. 모발의 밀도는 개인에 따른 차이는 있으나 일반적으로 20대 중반을 기준으로 탈모의 양이 많아지면서 점차로 나이가 들면서 모발의 밀도가 작아지게 된다.

3) 모발의 성장 속도

모발은 모발 부위에 따라 가기 성장 속도가 다르다. 두발은 1일 0.3~0.4㎜ 정도 자라며, 한 달에 평균 1~1.2㎝ 정도 자란다. 이러한 모발의 성장 속도는 건강 상태, 나이, 질병 등과 연관이 있으며 개인에 따른 차이가 있다.

| 발생 부위에 따른 성장 속도 |

성장속도	1일(㎜)	1개월(㎜)
수염	0.38	11.4
모발	0.3~0.4	10.5~12
액모	0.23	6.9
음모	0.2	6.0
눈썹 속눈썹	0.18	5.4

모발의 성장 속도는 남자보다 여자가 더 빨리 자라며, 모발의 최전성기는 18~20세 전후이며 겨울보다는 봄과 여름에 잘 자란다. 모발의 성장주기에 따라 모주기가 짧을수록 탈모 현상은 빨리 일어나게 된다.

4) 모발의 형상

모발은 대체로 직모(straight hair), 파상모(wavy hair), 축모(curly hair)로 분류할 수 있다. 모발은 형상에 따라 모발의 단면과 모낭의 모양이 서로 다르며 직모인 경우 직선상의 모낭과 원형에 가까운 단면을 가지며, 파상모의 경우 약간 구부러진 모낭과 타원형의 단면을 가지며 축모인 경우 모낭이 더 기울어졌고 모발의 단면도는 삼각형, 리본 모양 등 여러 가지 모양을 가지고 있다.

① 직모(straight hair) : 모발의 형상이 접착되지 않은 직선이나 매우 약한 물결 모양의 모발로 황인종과 에스키모, 인디언 등의 모발이 여기에 포함된다.

② 파상모(wavy hair) : 파상을 이루는 물결 모양 모발로 웨이브의 강약에 따라 분류할 수 있다. 대부분의 백인들의 모발이 여기에 포함된다.

③ 축모(curly hair) : 모발의 파상이 작게 오그라진 모발과 나선상의 모발이다. 주로 적도 부근의 아프리카 흑인종과 멜라네시아제족, 안다만인 등의 모발이 여기에 포함된다.

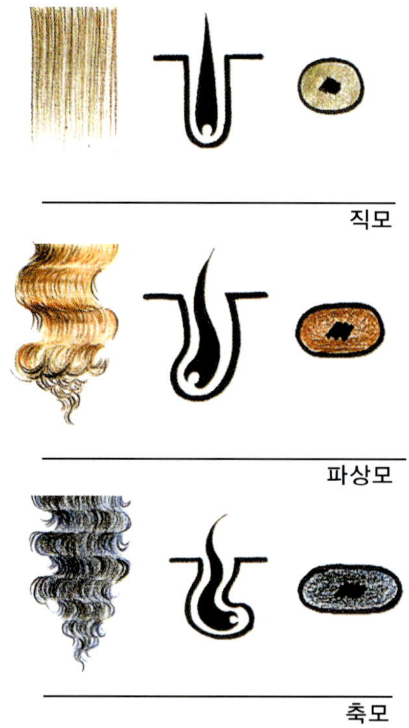

| 모발의 형상 그림 |

2. 모발의 물리적 특성

1) 모발의 탄력성

모발의 탄력성이란 외부의 힘에 대한 저항력이 생겨 본래의 모습으로 돌아가려는 힘이 생기는데, 즉 모발을 잡아당겼다가 다시 놓으면 원래의 상태로 되돌아가려는 힘의 움직임을 모발의 탄력성이라 한다.

케라틴 단백질의 구조적인 특성(스프링 구조) 때문에 생기는 현상으로 모발의 수분량이나 손상 정도에 따라 차이가 있다. 보통 상온에서 원래 길이로 되돌아갈 수 있는 신장율은 5% 전후이며, 과도하게 모발을 늘려 탄성 한계에 도달하면 다시 제자리로 돌아갈 능력을 잃고 끊어지게 된다. 모발의 탄력 정도는 수분의 함유량과 pH에 따라 차이를 보이며, 마른 모발은 20~30% 정도, 젖은 모발은 50~60% 정도, 퍼머넌트 로션에 젖은 모발은 70% 이상 늘어나게 된다.

| 모발 탄력의 한계 |

모발 상태	수분 함량(%)	탄력성(%)
보통 건조된 모발	5~10	20~30
젖은 모발	30	50~60
퍼머넌트로션에 젖은 모발	30	70

2) 모발의 고착력

모발의 고착력이란 모발 한 가닥을 뽑는데 필요한 힘을 의미하며 모발과 모낭의 결속 정도를 의미한다. 모발은 내 · 외모근초, 모구가 모공벽과 밀착되어 있어서 쉽게 빠지지 않으며, 모발과 모낭의 결속력이 강한 성장기에 강하고 퇴화기에는 약하다. 즉, 모발의 성장주기나 건강 상태에 따라 다르며 샴푸 시에 빠지는 모발은 대부분 휴지기 후반에 있는 모발이다.

성장기 상태에 있는 모발 한 올을 뽑는데 드는 힘은 50~80g의 힘이 소요되며, 휴지기의 모발은 20g 정도 소요된다. 이러한 까닭은 휴지기의 모발은 성장기 모발의 결속력이 1/4 정도로 모발과 모낭과의 결속력이 약해지기 때문이다. 같은 성장기 모발이라 하더라도 모발 및 두피의 건강 상태에 따라 고착력의 차이는 존재하게 된다.

3) 모발의 흡수성(흡습성)

모발은 일반적으로 친수성이며, 모발 내 약 10~15%의 수분을 포함하고 있다.

모발이 수분을 흡수하는 것은 케라틴 단백질의 친수성 때문으로 모발 내에 침투한 수분은 모발 섬유 사이에 모세관과 같은 벽에 흡착된다. 이러한 흡수성으로 탄력성이 있고 유연한 모발을 간직할 수 있게 된다.

건강한 모발의 경우 머리를 감은 직후에는 30% 정도의 수분을 함유하며 공기 중의 습도, 모발 손상 정도에 따라서 영향을 받는다. 건강한 모발의 수분량은 대개 10~15% 정도이며 10% 이하로 수분량이 떨어진 경우이거나 손상모의 경우 대부분이 건성 모발로 분류하게 된다. 모발의 수분이 적어 건조하게 되면 모발의 매끄러움, 부드러움, 광택이 떨어지게 되며 푸석하고 거친 느낌을 주게 된다. 그러므로 헤어크림이나 트리트먼트와 같은 모발 화장품으로 모표피를 감싸는 막을 형성하여 수분을 보충하고, 내부의 수분이 외부로 손실되지 않도록 하는 것이 중요하다.

| 섬유의 습도별 흡수율 |

섬유/습도	100(%)	65(%)	흡수율(%)
모발	43	15	28
양모	27	17	10
목면	16	5	11
나일론	7	4	3

(1) 온도와 습도

모발은 온도와 습도의 영향을 많이 받는다. 같은 온도라도 습도가 높으면 모발의 흡수율은 증가하고, 같은 습도라도 온도가 높아지면 모발의 흡수율은 감소하게 된다. 따라서 모발의 수분량을 비교할 때 동일한 온도와 습도에서 측정하여야 한다. 일반적으로 습도 65%, 온도 25℃를 표준 상태로 한다. 흡수율은 온도보다 습도의 영향을 더 많이 받게 되므로 온도의 고저에 의한 흡수율의 차이보다 습도에 의한 흡수율의 차이가 크다.

(2) 체적 수축 현상

모발의 흡착은 4단계로 나누어지는데, 1단계는 흡착 초기 단계이며, 2단계는 모발 내부 표면으로 물 분자가 차 있는 단계이며, 3단계는 2단계의 상태에 물 분자가 겹쳐 있는 단계이며, 4단계는 모발 내부에 이중으로 가득 차 있는 단계이다.

모발이 물을 흡수하게 되면 건조한 모발 내부의 체적과 흡수된 물의 체적이 같아지지만, 실제로는 물을 흡수한 모발의 체적이 더 적어지게 된다. 이를 모발의 체적 수축 현상이라 한다.

A : 건조한 모발의 체적

B : 흡수된 물의 체적　　　　A + B 〈 C

C : 물을 흡수한 모발의 체적

(3) 수착 히스테리시스

건조한 모발이 젖어가는 경우(흡착, 수착)와 젖은 모발이 건조되어 가는 경우(탈착)의 수분율과 습도와의 관계에 있어 탈착곡선과 흡착곡선이 서로 일치하지 않는 현상을 수착 히스테리시스라 한다. 같은 습도일 때 탈착의 경우가 함수량이 더 높다

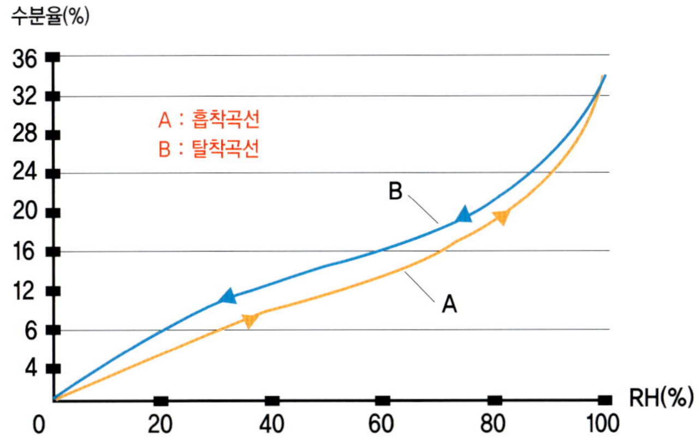

| 양모의 수착 히스테리시스 |

4) 모발의 팽윤성

모발을 물에 담가두면 부피가 늘어나 팽윤성에 의해 길이는 1~2%, 직경은 12~15%, 무게는 30~40% (수분의 무게) 정도 증가하게 된다. 모발의 팽윤성은 모발 길이의 변화보다는 모발 굵기에 의한 변화가 더 크게 작용되는데, 이는 조직이 단단한 모발이 부풀어지는 것은 모발의 단백질이 그물망 구조처럼 되어 있어 침투한 수분이 그물망 구조 속으로 들어가 모발 내부가 넓어지기 때문이다.

수분에 의해 부풀리는 힘과 모발의 화학 결합으로 인해 줄어들려고 하는 힘이 균등해지면 팽윤은 평균의 상태가 되는데, 이것을 유한팽윤이라고 한다. 케라틴을 강산이나 강알칼리에 처리하면 결국 용해되는데, 이것을 무한팽윤이라고 한다. 측쇄 결합이 감소한 손상모는 흡수량이 증가하여 쉽게 팽윤된다. 모발의 팽윤은 온도에 비례하고, 산성과 알칼리성에서 높다.

5) 모발의 열변성

모발은 단백질로 구성되어 있으며 높은 열에 의해 변색과 모발 구조가 변하게 되는데, 이를 모발의 열변성이라고 한다. 모발의 열변성은 모발에 함유된 수분의 유무에 따라 다르게 나타난다. 모발은 케라틴이라는 단백질로 구성되는데, 케라틴은 열에 의하여 구조와 색상 변화를 초래하게 된다. 열에 의한 변성은 습도 조건에 따라 습도가 높은 조건에서는 비교적 낮은 온도라도 손상이 더 쉽게 된다.

건열 상태에서는 120℃ 전후로 모발이 팽창되며, 130~150℃에서 변색이 되며, 270~300℃가 되면 타서 분해되기 시작한다. 습열 상태에서는 100℃ 전후에서 시스틴이 감소되고, 130℃에서 케라틴 구조의 변형을 초래한다.

또한 모발에 약품이 묻어있거나 샴푸 시 잘 헹구지 않아서 세정제가 모발에 남아있는 상태에서 열을 가하게 되면 모발의 변성은 더욱 촉진시키게 된다. 아이론(iron)과 블로우 드라이어(blow dryer)를 사용하는 경우 시간이 과잉되거나 직접 모발과 맞닿아 모발의 손상과 변성을 초래하게 된다. 그러므로 모발의 수분을 어느 정도 제거하고 사용하는 것이 모발 손상을 줄일 수 있게 된다.

| 마른 모발의 열변성 |

건열온도(℃)	모발의 변화
120	모발의 팽윤 시작
130~150	모발의 변색 및 시스틴의 감소 현상
180	케라틴 구조의 변형 초래
270~300	모발 연소

| 젖은 모발의 열변성 |

습열온도(℃)	모발의 변화
100	모발의 시스틴의 감소 현상
130	케라틴 구조의 변형 초래

6) 모발의 광변성

태양광선을 쬐게 되면 피부가 그을리는 것처럼 모발도 변성을 일으키게 된다. 이는 태양광선 중 파장이 가장 긴 적외선과 가장 짧은 자외선으로 적외선은 열선으로 모발에 강한 열을 발생시킨다. 자외선은 모발의 시스틴 함량을 줄이며 멜라닌 색소를 파괴함으로써 모발 변색과 손상에 가장 큰 영향을 준다. 화학적 처리를 전혀 하지 않은 virgin hair인 경우 모근부의 신생모보다 노화된 모발 끝 부분의 모발이 여러 외적 환경에 의하여 변색이 되어 있는 것은 흔히 볼 수 있다. 주로 해안이나 고원의 거주자들은 퍼머넌트 웨이브가 잘 형성되지 않거나 쉽게 풀리는 현상을 볼 수 있는데, 이는

광선에 의한 모발 케라틴의 변형을 초래하기 때문인 것이다.

7) 모발의 대전성

| 모발의 유지 흡수율 |

유지의 종류	흡수율(%)
올리브유	3.18
동백유	7.18
와세린	8.76
유동파라핀	11.06

건조한 모발을 브러싱하게 되면 마찰에 의해 정전기를 일으키게 되는데 이때 모발은 + 전하를 띠고 빗은 - 전하를 띠게 되면서 + 전하를 띤 모발들이 서로 밀어내면서 반발하게 된다. 이러한 현상은 모발이 양극성을 가진 아미노산으로 된 단백질로 마찰전기가 쉽게 발생하기 때문이다. 이때에 발생한 마찰전기가 모유두로 흘러들어 탈모의 원인이 되기도 한다. 정전기는 건조한 경우에 일어나기 쉬우며, 특히 건조한 겨울에는 정전기 방지제로 린스제나 트리트먼트와 같은 제품을 도포하여 주는 것이 좋다.

8) 모발의 유지흡착

모발은 구조적인 특성으로 유분과 수분을 흡수하며 모발 유지의 흡수량은 유지의 종류에 따라 차이가 있지만 식물성 유지보다 광물성 유지의 흡수율이 비교적 높다.

이는 모발의 특성과 관련하여 모피질은 친수성을 띠며 모표피는 친유성을 가지고 있으므로 유지의 흡수는 주로 모표피에서 나타나게 되는 것이다. 건강한 모표피가 아닌 상태에서는 유지에 대한 친화력이 떨어지며 유지의 흡수율도 감소하게 된다. 따라서 외부의 물리적 · 화학적 손상이나 변성에 의한 모표피의 손상이 초래된 경우 유지에 대한 친화력이 감소하여 유지의 흡수량은 자연히 떨어지게 된다.

모발의 친유성 부분은 모표피 외측으로부터 모발 전체의 약 10% 정도이며, 모발의 친수성 부분은 약 90% 정도이다. 즉, 모발 자체의 친유성과 친수성의 비율 차이에 따라 모발의 유지에 대한 흡수율은 물에 대한 흡수율에 비하여 적다.

3. 모발의 화학적 특성

1) 모발의 pH(수소이온농도 지수)

일반적으로 pH라는 것은 Power of Hydrogen Ions(수소이온농도 지수)로서 어떤 용액이 산성 혹은 알칼리성의 정도를 나타내는 수치이다. 모발 표면 또는 모피질 내에 있는 수분의 pH를 모발의 pH라 한다. 모발은 산성 쪽으로 갈수록 수렴, 경화되며 알칼리 쪽으로 갈수록 모발은 팽윤 또는 연화된다. 따라서 퍼머넌트 후 산성 린스의 사용은 모발의 pH를 원래 상태의 모발로 복구시키는데 도움이 된다.

순수한 물의 pH인 7을 기준으로 pH 값이 7보다 작은 용액은 산성 용액, 7보다 큰 용액을 염기성 용액이라 한다.

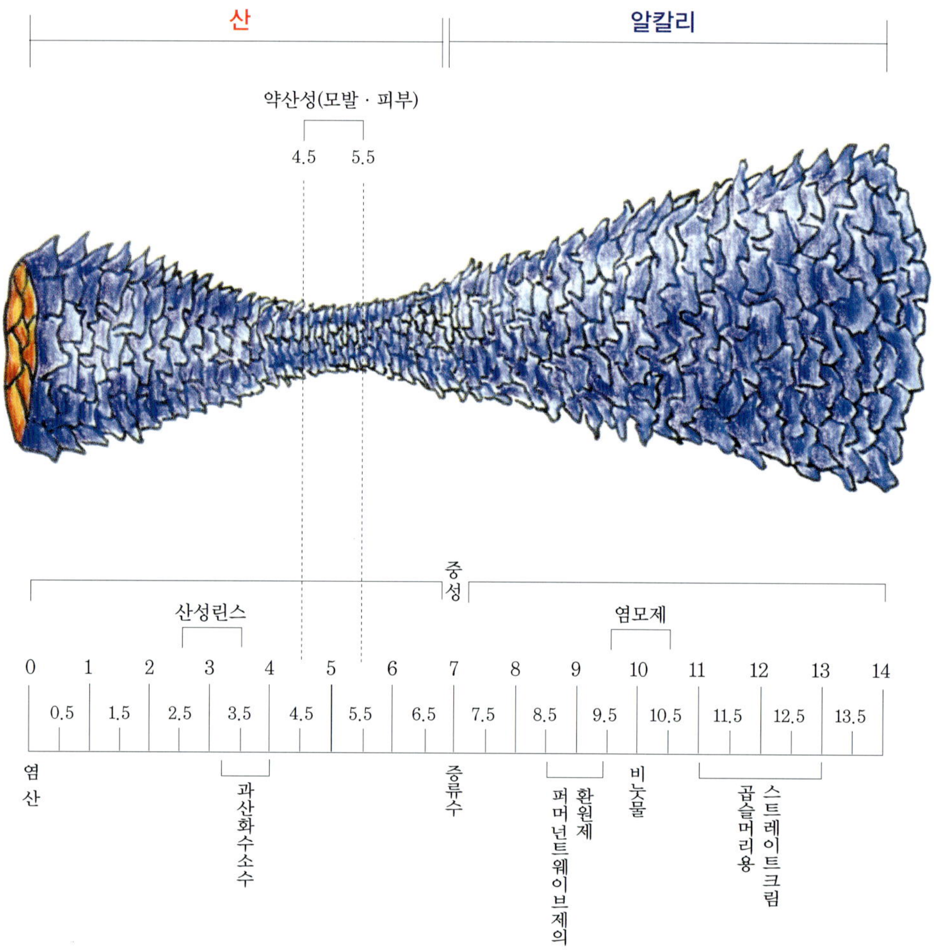

| 모발과 pH |

일반적으로 케라틴 단백질을 만들고 있는 아미노산은 분자 내에 염기성 아미노기(-NH_2+) 1개와 산성의 카르복실기(-COOH-) 1개를 가지고 있으며, 아미노산과 카르복실기는 이온적으로 결합하고 있다. 모든 아미노산기와 카르복실기는 폴리펩타이드 결합 또는 염 결합할 때 모발의 pH는 4.5~5.5이며 이때 모발은 가장 안정되어 있다. 모발이 물리적 · 화학적 작용에 의해 손상이 되면 아미노산 내의 아미노기와 카르복실기가 변하여 아미노기가 많게 되면 모발의 pH가 산성으로 변화한다.

모발이 알칼리와 가까워질수록 연화 팽윤하여 모발의 단백질 구조는 느슨해져 불안정한 상태가 된다. 즉, 약 알칼리에서는 모발의 약간의 연화나 팽윤 정도가 일어나지만 시간이 지나면서 혹은 강알칼리에서는 모발의 구조는 물론 단백질도 분해시키게 된다. 이러한 팽윤, 연화되는 성질을 이용하여 퍼머넌트 웨이브와 염색 시 화학 성분으로 인한 알칼리성분이 모피질에 쉽게 침투되며 pH가 10 이상이 되면 모발은 부풀게 되고 결국 모발 손상을 초래하게 된다.

2) 산성과 모발

모발은 화학적인 자극, 특히 산성에 대한 저항력은 알칼리에 비해 비교적 강한 편이다. 모발 내의 단백질 및 모표피는 산성에 대해 수축 작용을 일으켜 산성의 모발 내부 침투를 방지한다. 따라서 산성에 의한 모발의 손상도는 알칼리보다는 극히 적다고 볼 수 있으나, 강한 산성(pH 1.5~2)에서 모발은 가수분해되어 폴리펩티드 결합이 끊어져 아미노산으로 분해되고 따라서 모발의 손상이 초래하게 된다.

3) 알칼리와 모발

모발에 알칼리제를 처리하여 등전점에서 멀어지면 멀어질수록 아미노산의 결합이 약해져 모발도 약해지며, 특히 강한 알칼리에 의해서는 측쇄 결합은 물론 단백질 자신도 분해된다.

산화제는 알칼리성으로 활발하게 반응하여 효소를 발생시키게 되고, 모발 중의 멜라닌을 탈색시키거나 염료를 산화 중합시켜서 발색을 촉진하는 작용을 한다. 특히 퍼머넌트 웨이브제나 염색제는 대부분이 알칼리성으로 사용 시 깨끗하게 헹구어 내어야 하며 손상 모발에는 알칼리성이 약한 제품을 사용하는 방법이 현명하다. 따라서 알카리성의 제품을 사용한 후에는 산성 린스로 모발의 원래 상태로의 회복이 필요하다.

4) 모발의 등전점

일반적으로 케라틴 단백질을 만들고 있는 아미노산은 분자 내에 염기성 아미노기($-NH_2+$) 1개와 산성의 카르복실기(-COOH-) 1개를 가지고 있다. 모발을 구성하는 아미노산은 아미노산과 카르복실기는 이온적으로 +와 −의 전기적 결합(염 결합)으로 연결되어 있으며, 알칼리성은 −이온, 산성은 +이온으로 존재한다. 모든 아미노산기와 카르복실기는 폴리펩티이드 결합 또는 염결합할 때 모발의 pH는 4.5~5.5이다. 이때 모발은 가장 안정되어 있는 상태가 되며, 이를 모발의 등전점이라고 한다.

모발은 산성 쪽으로 갈수록 수렴, 경화되며 알칼리 쪽으로 갈수록 팽윤, 연화된다. 염모제나 퍼머넌트 웨이브제와 같은 알칼리제(pH 9~12)를 사용하게 되면 모발의 큐티클이 팽윤되어 모피질 속의 간충물질 등이 소실되어 버리게 된다. 즉, 너무 팽윤, 연화되면 결국 케라틴은 부풀어 흐물흐물 녹아버린다. 그렇기 때문에 퍼머넌트 후 산성 린스의 사용은 모발의 pH를 낮추어 모표피를 정상적으로 닫혀 주어 모발을 회복시키는데 도움이 된다.

5) 알코올에 의한 변화

알코올에는 용해, 기화, 탈수, 소독 살균, 수축, 응고 등의 작용이 있다. 따라서 알코올 농도가 50% 이상이면 모발을 구성하는 단백질에 대해서 탈수, 수축, 응고 반응을 일으켜 모발이 변성되고, 알코올 농도 50% 이하에서도 장기간 노출되면 모발에 여러 가지 손상을 주게 된다.

따라서 모발 제품에 많이 들어 있는 헤어 토닉, 스프레이 제품 등의 지속적 사용은 결국 모발의 단백질 변성으로 인한 변화로 모발 손상을 초래하게 되는 것이다.

6) 생활의 pH

생활 주변에서 관측될 수 있는 pH는 강산에서 강알칼리제의 순으로 비교하여 보면 pH 측정 수치는 다음과 같다.

황산 · 염산(약 pH0) → 위액(약 pH0.8) → 염산(약 pH1) → 레몬(약 pH2) → 오렌지주스(약 pH2) → 식초(약 pH2.5) → 콜라(약 pH2.8) → 포도(약 pH3) → 와인(약 pH3.6) → 익은 김치(약 pH4.2) → 커피(약 pH5) → 장미(약 pH5) → 깨끗한 비(약 pH5.6) → 신선한 우유(약pH6.6) → 증류수(약 pH7) → 혈액(약 pH7.5) → 바닷물(약 pH7.8) → 제산제(약 pH10) → 비누(약

pH10.5) → 암모니아수(약 pH11) → 표백제(약 pH12.3) → 양잿물(약 pH14)

참고

• **모발의 물리적 특성**

- 모발의 탄력성 : 모발을 잡아당겼다가 놓았을 때 원래 모양으로 되돌아가려는 성질
- 모발의 고착력 : 모발 한 가닥을 뽑는 데 드는 힘
- 모발의 흡수성(흡습성) : 모발의 수분을 흡수하는 성질
- 모발의 팽윤성 : 모발을 물에 담가두면 부피가 증가하여 길이, 직경, 무게가 늘어나는 현상
- 그 외에 모발의 열변성, 광변성, 대전성, 유지 흡착 특성이 있다.

• **모발의 화학적 특성**

- 모발의 pH(수소이온농도 지수) : 어떤 용액의 산성, 알칼리성의 정도를 나타내는 수치 0(강산성)~14(강알칼리성)까지 나뉘며 7 미만을 산성, 7 초과를 알칼리성, 7을 중성이라 한다.
- 산성과 모발 : 모발의 수축작용, 강산성(pH 1.5~2)에서 모발은 가수분해된다.
- 알칼리성과 모발 : 모발의 팽윤 작용
- 모발의 등전점 : 모발이 가장 안정되어 있는 상태, pH 4.5~5.5

CHAPTER

03 모발의 영양과 호르몬

1. 모발과 영양

모발은 18종의 아미노산이 결합되어 있으므로 모발에 영양을 주기 위해서는 여러 종류의 아미노산을 포함한 단백질(대두, 멸치, 우유, 육류, 계란 등)을 균형있게 섭취하는 것이 중요하다. 이러한 단백질은 위에서 아미노산으로 분해되어 위벽에 흡수되고, 혈액에 의해 신체 구석구석까지 운반되어 여러 기관에 흡수된다. 모발은 모유두의 모세혈관을 통해 영양분을 공급받아 성장하게 된다. 모발은 단백질, 특히 철 및 아연과 같은 미네랄과 비타민은 피부를 건강하게 하고, 비듬과 탈모를 방지하며 특히 비타민 A, 비타민 D가 필요하다.

염분의 과잉 섭취는 모발에 중요한 영양분인 철분을 파괴하여 적색모의 원인이 되며, 자극성 있는 음식을 많이 섭취하면 탈모 현상과 모발의 성장을 방해하기도 한다. 모발의 윤기를 잃게 되거나 푸석거리는 것은 다이어트 등 식생활에 원인이 있는 경우가 많다.

특정 비타민과 모발의 성장 발육과의 상관관계가 밝혀지지 않았지만 신체 기전에 관여하고 있다. 시스틴(cystine)이 많이 함유된 식품으로는 달걀, 돼지고기, 고등어, 콩, 땅콩, 우유 등으로 충분히 섭취할 수 있다. 비타민 D는 탈모 후 모발의 재생에 뛰어난 것으로 알려져 있다.

비타민과 미네랄이 풍부한 파슬리, 소송엽, 딸기, 시금치 등의 채소류와 땅콩, 참깨, 사라다유 등의 리놀산을 포함한 식물성 기름은 모발에 윤기를 주므로 골고루 섭취하는 것이 필요하다. 미역과 다시마 등 해초류에는 모발의 영양분인 철분, 요오드, 칼슘이 많이 포함되어 있고, 두피의 신진대사를 높이는 효과가 있기 때문이다. 특히 갑상선호르몬의 원료가 되는 요오드는 갑상선호르몬의 분비를 촉진시켜 모발의 성장을 도와주고 있다.

단백질을 포함한 음식물은 위장에서 아미노산으로 분해되어 장벽에 흡수되며, 혈액에 의해 운반된다. 영양분은 여러 기관으로 흡수된다. 모발의 경우 모유두의 모세혈관을 통해 모발이 성장하게 된다. 모발을 위해서는 단백질 뿐만 아니라 비타민과 미네랄(특히 철, 아연 등)도 필요하다. 비타민은 피부를 건강하게 해주며, 충분한 영양을 주기 위해서는 여러 종류의 아미노산을 포함한 단백질을 균형 있게 섭취하는 것이 중요하다.

| 영양소의 구분 |

- **무기 영양소**
  - 다량 무기질: 칼슘, 인, 칼륨, 나트륨, 염소 등
  - 미량 무기질: 철분, 요오드, 아연, 셀레늄, 구리 등
- **유기 영양소**
  - 당질
    - ■단당류 : 포도당, 과당, 갈락맥토오스
    - ■이당류 : 아당, 자당, 유당
    - ■다당류 : 전분, 셀룰로오스
  - 지방질
    - ■지방산 : 팔미트산, 리놀레산, 리놀렌산
    - ■스테롤 : 콜레스테롤, 인지질, 다이지질
    - ■왁스
  - 단백질
    - ■필수아미노산 : 이소류신, 류신, 트레오닌, 리신, 발린, 메티오닌, 페놀알라닌, 트립토판(유아일 경우 히스티딘)
    - ■비필수아미노산 : 알라닌, 시스테인, 글리신, 세린, 티로신, 프롤린, 글루타민, 아스파라인
  - 비타민
    - ■수용성 비타민 : 비타민 B_1, B_2, B_6, B_{12}, C, 니아신, 엽산
    - ■지용성 비타민 : 비타민 A, D, E, K

분 류	영양소	기 능
에너지 영양소	당질, 지방, 단백질	체온조절, 호흡, 신경전도, 근육수축, 심장박동을 위한 에너지 공급
구성 영양소	단백질, 무기질, 물	근육, 골격, 기관, 혈액 등 인체조직 구성 산 · 염기의 평형, 수분조절, 대사 과정
조절 영양소	비타민, 무기질, 단백질	혈액응고 등 생리기능 조절

1) 단백질

단백질은 신체 조직의 구성 요소로 18종의 아미노산이 결합되어 있으며, 조직 단백질의 합성을 위해 아미노산을 공급하고 생물체의 정상적인 성장, 유지 및 기능에 필수적인 질소 화합물을 공급해 준다. 단백질이 많이 요구되는 임신기, 수유기 및 성장기 어린이에게 단백질의 섭취가 부족할 경우 성장이 느려지며 심하면 성장이 정지될 수도 있다.

(1) 단백질의 기능

1 에너지의 급원

단백질은 신체의 구성 기능과 에너지를 내는 기능을 가지며, 체내에 주요 조직을 만들거나 운반한다. 특히 모발이나 손톱, 발톱의 성장, 피부, 뼈와 결합 조직, 그리고 혈액의 유지를 위해서도 반드시 필요하다. 또한 단백질은 일정한 주기로 여러 조직에서 새로운 단백질로 교체되므로 매일 일정량을 섭취해야 한다.

2 호르몬 · 효소 및 항체의 형성

신체는 단백질로 된 조절 물질로서 호르몬, 효소, 항체가 있다. 호르몬은 여러 가지 기본적인 신체 대사과정을 조절해 주며, 소화와 대사에 필요한 효소들도 단백질로 만들어진다.

항체는 병원균이나 세균성 이물질 등 여러 가지의 항원(antigens)이 체내에 들어왔을 때 이들로부터 신체를 방어해 주며, 단백질이 부족하면 항체 형성의 저하로 저항력이 떨어져 감염성 질환에 잘 걸리게 된다.

3 체액의 균형

세포 내외의 체액은 여러 가지 요인에 의해 영향을 받는데, 그중 중요한 것이 단백질이다. 단백질은 대부분 그 분자가 매우 커서 삼투압에 영향을 주어 세포막을 통한 액체의 이동에 관여한다. 혈액 내 단백질의 농도가 정상이면 체액의 양도 정상이나, 단백질의 섭취가 낮으면 혈장 단백질 농도가 낮아져서 혈액 내의 물은 조직액 속으로 이동하게 부종이 나타나게 된다.

4 산 · 염기의 균형

단백질은 산과 염기, 양쪽의 역할 능력이 있어 신체 내 약알칼리성 상태로 유지시켜 준다(항상성 유지). 즉, 체액이 염기성으로 기울게 되면 단백질이 산의 역할로 염기성 반응을 중화시키고, 반대로 체액이 산성일 때는 염기의 역할로 신체조직 내의 산과 염기의 균형을 일정하게 유지시켜 준다.

5 영양소의 운반

다른 영양소들과 결합하여 영양소들이 세포 내 필요로 하는 곳까지 운반되도록 도와주며, 운반을 도와주는 단백질의 기능이 없다면 몇몇 영양소는 세포로까지 운반되지 못하게 된다.

(2) 단백질의 분류

완전 단백질과 불완전 단백질

1 완전 단백질

완전 단백질(complete protein)은 생명체의 성장과 유지에 필요한 필수아미노산을 모두, 그리고 충분히 가지고 있는 단백질로서 젤라틴(gelatin)을 제외한 대부분의 동물성 단백질인 육류, 달걀, 우유 및 생선 등이 이에 속한다.

2 부분적 완전 단백질

부분적 완전 단백질(partially complete protein)은 필수아미노산을 모두 가지고는 있으나 그 양이 충분치가 않거나 각 필수아미노산들이 균형 있게 들어있지 않은 단백질을 말한다. 이런 단백질은 생명 유지는 되나 성장은 되지 않으며 견과류, 대두 단백질 등이 있다.

참고

대두 단백질

콩에서 단백질 부분만 분리하여 제품화한 것으로서 탄수화물 및 지방이 대부분 제거되어 영양학적으로 완벽한 식물성 단백질원이며, 식품 제조 시 사용 범위가 매우 넓다.

3 불완전 단백질

불완전 단백질(incomplete protein)은 생명 유지나 성장에 충분한 양의 필수아미노산을 갖지 못한 단백질로 두류 단백질 등이 여기에 속한다. 불완전 단백질만 섭취해서는 동물의 성장과 유지가 어렵다.

4 필수아미노산

체내에서 합성이 불가능한 아미노산으로 세포 내 단백질 합성이 원활하게 이루어지기 위해서는 필요한 비율로 골고루 섭취해야 한다. 만일 필수아미노산 중 하나라도 부족하게 되면 단백질의 합성이 불가능하다. 성인의 경우 이소류신 · 류신 · 리신 · 페닐알라닌 · 메티오닌 · 트레오닌 · 트립토판 · 발린이며, 어린아이의 경우에는 여기에 히스티딘이 더해진다.

참고

비필수아미노산

아미노기 전이효소(transaminase)에 의해서 체내에서 필수아미노산으로부터 합성할 수 있어 영양원으로 보급할 필요가 없는 아미노산

단순 단백질과 복합 단백질

1 단순 단백질(simple proteins)

오직 아미노산만을 가지고 있는 단백질이다. 단순 단백질이라고 해도 가지고 있는 아미노산의 종류와 수가 다르며, 따라서 분자량도 큰 차이가 있다.

2 복합 단백질(conjugated proteins)

아미노산외의 다른 물질들을 함께 가지고 있는 단백질이다. 대표적인 핵 단백질(nucleoproteins)인데, 이는 핵산과 아미노산의 화합물이다.

2) 탄수화물

생물체 내에서의 기능은 생물체의 구성 성분인 것과 활동의 에너지원이 되는 것으로 크게 나눌 수 있다. 구조 유지에 필요한 탄수화물은 모두 다당류로 식물의 세포벽을 만드는 셀룰로오스, 곤충의 외피(外皮)를 만드는 키틴, 동물의 연골이나 힘줄 성분인 황산콘드로이틴류 등이다. 에너지원으로서 생물체 내에 저장된 다당류는 영양다당류로 활동 에너지원이나 생합성에 이용된다.

(1) 탄수화물의 기능

1 에너지 공급

신체 활동을 위해서는 많은 에너지가 요구된다. 중추신경계는 에너지 급원으로 오직 포도당만을 사용하므로 중추신경계의 원활한 작용을 위해서는 반드시 필요하다. 탄수화물은 지방이 에너지로 쓰일 때, 그 과정에서 중간 대사산물인 케톤체(ketone bodies)가 지나치게 쌓여 일어나게 되는 비정상적인 상태인 케톤뇨를 예방해 준다.

2 단백질 절약 작용(protein sparing action)

단백질은 에너지를 생성해내는 일 외에 단백질 고유의 중요하고도 필수적인 기능이 있다. 탄수화물이나 지방이 부족하면 단백질은 이 고유 기능을 못하고 에너지를 내는데 쓰이게 된다. 그러므로 탄수화물과 지방은 단백질이 에너지원이 되는 것보다 단백질의 고유 기능을 하도록 단백질을 절약시켜 주는 작용을 한다.

3 장내 운동성

식이섬유질(dietary fiber)은 셀룰로스, 헤미셀룰로스, 리그닌, 펙틴질, 검 등으로 장내에서 물을 흡수하여 부드러운 덩어리를 만들고, 이것이 소화기관 근육의 수축을 자극하여 장내 연동운동을 돕는 역할을 한다.

4 신체 구성 성분

신체 내에서 중요 화합물을 형성하는데 주로 윤활 물질이나 손톱, 뼈, 연골 및 피부 등의 구성요소가 되고 있다. 그 외에도 단당이면서 5탄당인 리보스는 DNA와 RNA의 중요한 구성 성분이 되며, 이당류인 유당은 칼슘의 흡수를 돕는 작용을 한다.

3) 지질

지질(lipids)은 단백질, 탄수화물과 함께 영양학적으로 중요한 성분 중의 하나이다. 물에 녹지 않으며 에테르나 아세톤, 클로로포름 등 비극성 용매에 잘 녹으며, 지용성 비타민의 용매 역할로 체내 흡수를 도와준다.

(1) 지질의 기능

1 신체 구조 형성

신경막을 포함한 거의 모든 세포막의 구조는 부분적으로 콜레스테롤과 인지질로 구성되어 있다. 지방 조직에서 구조를 형성하는 지방 축척은 체온을 방어하며 다양한 기관을 충격으로부터 보호해 준다.

2 대사 조절

콜레스테롤은 다양한 호르몬의 구성 물질로 대사 조절에 다양한 영향을 준다. 인체의 콜레스테롤의 대부분은 간에서 딤즙염을 생산에 사용되며 담즙염은 지방 소화에 사용된다. 또한 인지질은 혈액 응고에 필요하다.

3 에너지원

인체의 대부분 중성 지질의 기능은 대사과정을 진행하기 위한 에너지로 사용되며, 대부분의 중성 지질은 인체의 지방조직에 저장되어 있다. 이들은 유리지방산(FFA)과 글리세롤로 분해되어 혈액으로 유출되며, FFA는 조직으로 글리세롤은 간으로 각각 이송되어 산소를 통해 에너지를 생산하게 된다. 글리세롤은 간에서 다른 지질과 글루코스를 생산하기 위해 사용된다.

참고

필수지방산

필수지방산이란 체내에 꼭 필요하나 체내에서 합성되지 않거나 합성되는 양이 부족하여 식사를 통해 섭취되어야 하는 지방산이다. 리놀산, 리놀렌산, 아라키돈산 등 식물성 식품에 많이 함유되어 있다.

4) 미네랄(Minerals)

미네랄은 인체 골격을 이루는 기본 물질로 신경 자극을 증진하는 등 여러 기능에 관여한다. 즉, 대사 기능, 에너지의 생성, 성장, 질병의 치유를 비롯하여 모든 효소의 작용에까지 미네랄을 필요로 한다. 지구상에 살아있는 모든 세포들은 그들의 고유 기능과 구조를 위해서 미네랄들이 필요하다. 어떤 미네랄은 인체의 필수 요소로 작용한다. 어떤 것은 체내에서 물과 산, 알카리의 균형을 이루어 주며, 생명의 활력소가 된다.

칼슘, 염소, 마그네슘, 인, 칼륨, 나트륨, 유황 등의 미네랄들은 체내에서 많은 양이 필요하므로 이들을 다량원소(macro mineral)라 부른다. 그 외에 붕소, 크롬, 구리, 불소, 게르마늄, 망간, 몰리브덴, 셀레늄, 실리콘, 바나디움, 아연, 요오드, 철 등의 미네랄들은 체내에서 미량이 필요하기 때문에 미량원소(trace mineral)라 불린다.

모발은 내부 대사 환경에 노출된다. 세포간 액, 순환하는 혈액, 림프가 포함되며 모발이 두피 표면에 도달하면 그 바깥층은 두꺼워지고 모발 내에 축적된 각종 미네랄들이 다른 곳으로 이동하지 못하도록 장벽의 역할을 하게 된다.

5) 비타민(Vitamin)

비타민은 단백질, 지질, 탄수화물과 함께 체내에서 필요한 것으로 적은 양으로 동물의 영양을 지배하고, 부족되면 결핍증을 일으키는 유기 화합물이다. 효소로서의 역할과 동물의 정상적인 성장과 발육 유지, 생식 등에 필요로 한다. 또한 vitamin은 용해도에 따라 지용성 비타민 (A, D, E, K)과 수용성 비타민 (C, B_1, B_2, B_6, B_{12}, niacin, pantothenic acid, biotin, folacin, choline, insitol)으로 나뉜다. 비타민 자체만으로는 에너지를 발생하거나 세포를 구성하는 물질은 아니나 체내에서 합성되지 않으므로 균형 잡힌 식사를 통해 공급해 주어야 한다. 비타민은 라틴어의 vita(생명)와 amin(질소를 함유한 복합체)라는 의미로서 신진대사에서 비록 미량이지만, 효소의 보인자(Co-factor)로 작용하는 필수불가결한 유기 물질로서 식품 속에 미량 함유되어 있다. 비타민 D는 피부에서 일부 합성되며 비타민 K와 비오틴(Biotin)은 장내 세균에 의하여 일부 합성되기도 한다.

(1) 비타민의 필요성

비타민은 유기 화합물로 사람과 동물의 정상적 성장과 기능유지에 필요하다. 13가지의 비타민 중 한 가지만 부족해도 성장기에 성장의 부진이나 영양 부족으로 인한 질병에 걸리게 된다. 동물은 공기 중에서 동화작용이 불가능하여 체내에서 합성되지 않는다. 비타민은 에너지 원료나 조직 구성 요소는 아니지만, 에너지의 전달 과정과 조직 대사를 위한 필수 물질로 미량이 필요하다. 현재까지 알려진 바로 비타민이나 그 전구 물질은 식물에서 발견되며 세포에서 특수한 기능을 수행하며, 결국 식물이 동물에게 비타민을 제공하는 셈이다.

(2) 비타민의 종류

1 지용성 비타민

비타민은 크게 수용성과 지용성으로 나눌 수 있다. 지용성에는 비타민 A, D, E, K가 속한다. 지용성 비타민은 기름에 의해 추출되고 지방조직인 우유나 마가린, 시리얼 등 일상 식품에 공통적으로 함유되어 있으나 빛이나 공기 또는 식품 공정 중의 어떤 조건에 의해 쉽게 파괴될 수 있다. 따라서 지용성 비타민을 첨가할 때는 반드시 안정한 형태로 만드는 것이 중요하다.

2 수용성 비타민

아스코르빈산(Ascorbic acid)과 비타민 B군(Vitamin B-complex)을 포함한 비타민이 수용성 비타민이다. 비타민 B군은 체내에 효소작용을 나타내며, 수용성이라 부르는 이유는 물에 잘 녹기 때문이다. 수용성 비타민을 과다 섭취하면 세포에 어느 정도 저장되고 나머지는 요로 배설된다.

(3) 모발의 성장에 영향을 미치는 비타민

1 비타민 A

비타민 A는 레티놀과 레티날을 포함하는 물질로 β 카로틴은 비타민 A의 전구체로 시각에 중요한 역할을 한다. 동물의 생식기능을 증진시키고 상피조직을 유지하는 데도 중요한 역할을 한다. 약간 부족하게 되면 모공각화증이라 하여 모공 주위가 딱딱하게 돌기되어 탈모가 촉진되고 야맹증이 나타난다. 결핍이 지속되면 피부는 건조성으로 단단하게 위축되며 눈의 망막에 파열 현상, 결막 건조증, 각막 연화증에 이르러 실명에 이르게 된다.

비타민 A는 모발용 크림에 배합하여 건조성 두피나 비듬이 많은 사람에게 바른다(과하면 탈모 현상이 일어난다). 동물성 식품에 들어 있으며 버터, 간유, 동물의 간, 난황, 우유, 기름진 생선, 치즈 등 카로틴으로는 황녹색인 짙은 시금치, 당근, 호박, 풋고추, 감, 토마토, 무청, 복숭아, 살구, 김 등에 많이 들어 있다. 비타민 A 과다는 오히려 칼슘의 흡수를 돕는 비타민 D의 기능을 억제하여 고관절의 위험도 있다.

2 비타민 B_1

피부에 직접 관계는 없으나 부족하게 되면 위장장애로 국부 지체를 일으킬 경우도 있다. 돼지고기, 효모, 강화 곡류, 콩류, 녹색 채소, 생선, 육류, 과일, 우유에 적당량 함유되어 있다. 부족하면 각기병, 다발성 신경염, 부종, 심장기능 이상 등을 초래한다.

3 비타민 B_2

미용 비타민이라 하며 부족하게 되면 전반적인 피부와 모발의 신진대사가 나빠진다. 리보플라빈은 광선이나 자외선에 의해 파괴되므로 주의해야 한다. 간, 효모, 우유, 달걀, 육류, 채소에 함유되어 있다. 부족되면 탈모, 피부염, 구순구각염, 각막의 모세혈관이 팽창되고 충혈, 설염, 각막염 등을 초래한다.

4 비타민 B_6 (Pyridoxine)

피리독신, 피리독살과 피리독사민을 포함하는 화합물과 밀접하게 관련된 비타민군이다. 아미노산의 생합성과 분해를 촉매하는 효소를 포함한 많은 대사효소들의 조효소로 당질, 지질 특히 단백질대사에 중요하다. 비타민 B_6결핍은 단독으로는 잘 나타나지 않고 비타민 B 복합체가 부족한 사람에게서 나타나는데 피로, 우울, 피부염 등의 증세를 보일 수 있다.

5 비타민 B 복합체 (Pantothenic acid)

두류와 곡류, 동·식물의 식품에 함유되어 있으며 장내 세균에 의해 합성되므로 결핍증은 거의 발생되지 않는다. 파라아미노벤조산(Para amino Benzoic Acid)은 흰머리 예방에 도움이 된다고 한다.

6 니코틴산(Nicotinic acid)

산화·환원반응의 보조효소로서 비타민 B 복합체 중 가장 안정성이 있는 비타민으로 니아신, 항펠라그라성 인자라고도 한다. 부족되면 펠라그라(pellagra, 홍반병으로서 거친 피부라는 뜻), 치매(dementia), 피부병 유발, 피부염, 설사, 우울증 등을 일으키고 신경 계통에 이상을 초래한다. 효모, 간, 살코기, 생선, 모든 곡류, 달걀, 땅콩 등에 많이 포함되어 있다.

7 비타민C(Ascorbic acid)

수용성 항산화제로 산화를 방지하며 콜라겐 합성으로 조직세포를 결합시켜 주어 뼈, 연골, 치아, 결체조직, 피부 등에 많이 함유되어 있다. 아미노산대사에도 관여한다. 부족하게 되면 콜라겐 형성 저하로 외상의 회복을 지연시키며 면역 체제에 손상을 주며, 혈관 벽이 약화되어 신체 출혈과 치아와 잇몸의 구조가 변화하고, 빈혈 등 괴혈병 증세가 나타난다. 또한 피부병을 유발하여 모발에도 영향을 준다. 조직 내에 비타민 C 함량이 높으면 저항력이 커진다는 연구가 있다. 신선한 채소와 과일에 풍부하나 식품가공 및 조리 시에 쉽게 산화, 파괴되므로 주의해야 한다.

8 비타민 D

칼슘 흡수에 필요한 단백질의 합성을 자극하여 장에서 칼슘과 인의 흡수를 촉진시키며, 혈액 내 칼슘과 인의 양을 일정 수준으로 유지시켜 뼈에 침착시키는 작용을 한다.

따라서 비타민 D가 결핍되면 뼈의 주성분이 되는 칼슘과 인의 화합물인 인산칼슘이 정상적으로 침착되지 않아 어린이에게는 구루병, 어른에게는 골다공증과 골연화증이 생기기 때문에 항구루병성 비타민(antirachitic vitamin)이라고 불린다. 모발 재생에 효과가 있으며 우유, 간유, 난황, 버터 등에 많이 함유되어 있다.

9 비타민 E

항산화제로서 세포 내에서 산화되기 쉬운 물질인 세포막을 구성하고 있는 불포화 지방산의 산화를 억제함으로써 세포막의 손상과 나아가서 조직의 손상을 막아주는 것이다.

결핍되면 동물에서는 정상적인 생산기능이 상실되고, 사람에서는 드물기는 하나 적혈구의 막이 손상되어 빈혈이 생길 수 있다. 식물성 기름, 두류, 녹황색 채소, 난황, 간유에 많다.

10 비타민 F

필수불포화 지방산의 항 피부염 인자이다. 리놀산 · 리놀레산 · 아라키돈산 등의 지방산으로 식물성 기름에 많이 함유되어 있으며, 모발이나 피부에 윤기를 준다. 이들 불포화지방산은 콜레스테린 농도를 낮게 한다.

11 비타민 K

비타민 K는 혈액응고에 필요한 단백질 합성에 요구된다. 비타민 K가 결핍되면 이들 단백질의 합성이 저하됨으로써 혈액응고에 손상을 주게 된다. 결핍되면 혈액 응고가 지연되고 출혈이 계속되면 죽음까지 초래할 수 있다. 녹황색 채소나 해초 등에 많이 함유되어 있고, 체내에서 장내세균에 의하여 합성되기도 하나 흡수되는 양이 적으므로 외부에서 섭취해야 한다.

| 모발의 성장에 영향을 미치는 비타민 |

비타민 종류	기 능	함유 식품
A	모발 건조 방지 부족 시 모공각화증 이상 각화로 인한 탈모	버터, 우유, 난황, 당근, 호박, 복숭아, 살구
B_1	비듬 방지, 부족 시 두피 건조로 인한 비듬 발생	돼지고기, 콩류, 녹색 채소, 생선
B_2	미용 비타민 신진대사를 활발하게 함 부족 시 모발 성장장애	간, 효모, 우유, 달걀, 육류
B_6	피지분비 조절 지루성 투피에 효과적	어묵류, 달걀, 동물의 간
B 복합체	흰머리 예방에 효과적	두부, 곡류
니코틴산	산화 환원 반응의 보조 효소	효모, 간, 살코기, 모든 곡류, 땅콩
C	스트레스 예방 스트레스로 인한 백모 현상 억제	신선한 채소와 과일
D	모발 재생 효과 과잉 시 탈모	우유, 간유, 난황, 버터
E	모세혈관 확장 부족 시 모발이 약해짐	식물성 기름, 두류, 녹황색 채소, 난황
F	모발에 윤기부여	식물성 기름
K	부족 시 모발 건조	녹색 채소, 양배추, 시금치, 대두

2. 호르몬의 기능

1) 뇌하수체전엽 호르몬

뇌하수체에서는 내분비계 전체를 조절하는 각종 호르몬을 분비하는데, 대부분은 어느 특정 분비선에 작용하여 그 분비를 촉진시킨다. 뇌하수체의 이상이 있으면 특히 전엽은 생식선 · 갑상선 · 부신피질에 작용하여 이상 현상을 초래하는 호르몬으로 종족 보존이라는 생물의 본원적 기능을 가진다.

(1) 성장 호르몬(Growth Hormone: GH)

뇌하수체에서 분비되는 성장 호르몬은 191개의 아미노산으로 구성된 펩티드 호르몬으로 성장 호르몬은 시상하부에서 분비되는 성장 호르몬 자극 호르몬(GHRH)에 의해서 뇌하수체에서 합성 및 분비가 증가되고 성장 호르몬 분비 억제 인자(SRIF)에 의해 성장 호르몬 합성 억제 없이 분비만 억제된다.

성장 호르몬은 첫째, 성장 작용 기전으로 간, 연골 조직 등의 말초조직에 작용하여 성장을 자극한다. 둘째, 대사 작용 기전으로 당 생성, 단백질 동화작용 촉진, 지방산을 촉진시킨다. 사람의 면역체계를 개선시키고 신체의 지방을 감소시켜 심장-순환기 질병의 예방을 도우며 혈관을 보호하는 HDL-콜레스테롤을 증가시키고 해로운 LDL-콜레스테롤을 감소시킨다. 또한 당뇨병의 위험을 감소시키며, 혈압의 조절에 도움을 주고, 근육의 형성을 촉진하며 성기능을 개선시키고, 골다공증을 호전시킬 뿐만 아니라 폐 기능을 개선시키며, 손상된 신경 말단 조직을 복구한다.

성장기에 성장 호르몬이 결핍되면 뇌하수체성 난장이증에 걸리며, 성장호르몬의 양이 지나치게 증가하면 어린아이의 경우 뇌하수체성 거인증에 걸린다. 성인의 경우 성장호르몬의 양이 많더라도 골의 성장 부위가 더는 활성화되지 않기 때문에 키가 커지지는 않고 손과 얼굴 등의 뼈가 두꺼워지는 말단비대증(acromegaly)에 걸린다.

① 성장작용 : 말초조직(간, 연골)을 자극하여 성장 촉진
② 대사작용 : 단백질 합성 촉진, 혈당 증가, 지방산 유리 촉진

(2) 갑상선자극 호르몬(Thyroid Stimulating Hormone: TSH)

갈락토사민과 글루코사민을 함유하는 당단백질 호르몬으로 갑상선 자극 호르몬의 분비는 뇌하수체보다 위에 있는 시상하부에서 분비되는 갑상선 자극 호르몬 유리 호르몬에 의해 조절된다.

① 갑상선 여포를 둘러싸고 있는 상피세포를 비대 증식시켜 갑상선의 발육을 촉진한다.
② 갑상선 조직과 혈장 사이의 요오드 농도 차를 증대시켜 요오드 이온이 상피세포 내로 잘 들어오게 한다.
③ 갑상선 호르몬의 티록신의 합성을 촉진한다.
④ 갑상선 호르몬의 저장형인 티로글로불린 단백질의 효소분해를 자극하여 활성형 티록신을 증가시킨다.
⑤ 활성 호르몬이 혈액으로 방출되는 것을 촉진한다.

(3) 부신피질 자극 호르몬(Adrenocorticotrophic Hormone : ACTH)

39개의 아미노산으로 형성되는 폴리펩티드로 부신피질에 작용해서 선세포의 증식, 당류피질 호르몬의 합성과 분비를 촉진한다. 스트레스를 받게 되면 중추신경계를 통해 부신피질 자극 호르몬 분비가 촉진되어 부신 피질 호르몬이 다량으로 공급된다. 또한 코르티손 등 부신피질 호르몬을 매개로 하며, 결합조직의 대사 이상을 조정하고 류머티즘성 또는 류머티즘 질환에 효과가 있다.

(4) 여포 자극 호르몬(Follicle Stimulating Hormone : FSH)

여포 자극 호르몬은 난소의 여포 발달, 난자의 성숙 및 여포로부터의 에스트로겐 방출 등을 촉진한다. 남성의 경우 FSH는 정소의 발달과 정자 형성 과정에 관여한다.

(5) 황체 형성 호르몬(Luteinizing Hormone; LH)

여성의 경우 황체 형성 호르몬은 매달 배란을 유도하고, 남성의 경우 정소의 간질세포를 자극하여 테스토스테론의 생성을 촉진한다.

2) 뇌하수체후엽 호르몬

두 가지 호르몬이 시상하부에서 합성되어 뇌하수체 후엽에 저장되는데 항이뇨호르몬(ADH)과 옥시토신이다. 후엽은 간뇌 호르몬으로 간뇌에서 생성되어 뇌하수체에 저장되었다가 필요에 따라 분비되며 혈관, 장기 기관, 자궁 등에 작용한다.

(1) 항이뇨 호르몬(Antidiuretic Hormone : ADH, 바소프레신)

항이뇨호르몬(ADH)은 혈관벽을 이루는 평활근을 수축함으로서 혈압을 증가시키고 신장에서 물의 투과도를 높여 보다 많은 물을 재흡수하도록 작용한다. 시상하부의 삼투감수체는 혈액의 수분 양을 감지하여 수분이 별로 없으면 이 삼투감수체는 뇌하수체후엽을 자극하여 항이뇨호르몬의 분비를 자극한다. 신장 집합관에서 물의 재흡수가 증가하면 혈액이 묽어지고 삼투감수체는 시상하부의 항이뇨호르몬을 생성하는 세포의 활성을 낮춘다.

(2) 옥시토신

옥시토신은 가슴 평활근을 자극하여 젖을 빨았을 때 모유가 나오게 하고 자궁의 평활근을 수축하여 분만 시 태아를 밖으로 밀어내는 역할을 한다. 분만 시 오랜 시간이 걸려 탈진한 산모의 경우 합성한 옥시토신을 주사하면 수축을 촉진시켜 분만을 용이하도록 하게 한다.

3) 갑상선 호르몬(thyroid gland)

갑상선은 목의 후두와 기관지의 앞에 있는 2개의 엽으로 된 선이다. 티록신(thyroxin)과 트리이오도타이로닌(triiodotyronine)은 세포의 물질대사를 증가시키고 갑상선의 다른 세포에서 합성되는 칼시토닌은 혈중 칼슘 수준을 감소시킨다. 갑상선 호르몬은 몸 안의 여러 대사를 섬세하게 조절하여 만들어진 에너지가 제대로 쓰이게 하는데, 태아의 성장, 발육, 특히 뇌와 뼈의 발육에 필수적인 일을 한다. 즉, 심장의 박동을 증가시키고, 스트레스에도 적절히 대응하게 되며, 적혈구 생성도 늘려 충분한 산소 공급이 이루어지도록 하고 근육과 뼈의 기능도 좋게 유지한다. 또한 다른 호르몬들이 원활하게 작용할 수 있도록 도와준다. 갑상선의 기능은 갑상선 자체의 조절에 의해 다듬어지기도 하지만 더 중요한 것은 뇌하수체에서 분비되는 갑상선 자극 호르몬에 의한 조절이다.

(1) 갑상선 호르몬

섭취한 요오드는 티록신과 트리이오도타이로닌(triiodotyronine)을 합성하는데 이용되어 혈액 내의 요오드보다 25배 높다. 갑상선의 활성이 감소하면 물질대사의 속도가 감소하고 열량을 적게 태우기 때문에 체중이 증가하는데 이를 갑상선 기능 저하증이라 한다. 또한 심장박동이 느려지고 혈압과 체온이 감소하는 갑상선 기능 저하증이 신생아에서 나타나면 크레틴병(cretinism)이라는 선천성 갑상선 발육부진으로 인한 신체 및 정신발육이 부진하게 된다. 출생 시 이 질환을 감지하여 생후 3개월이 되기 전에 티록신을 처리하면 정상 지능을 갖게 된다. 성인에게서 갑상성 기능 저하증이 생기면 점액수종(myxedema)이라고 하는데 무기력증, 부종, 피부건조 등의 특징이 나타난다.

요오드의 부족으로 갑상선 기능 저하증이 생기면 갑상선이 붓는 갑상선부종을 보이는데 고대 이집트인들은 바닷말로 치료를 하였고, 요오드가 부족한 곳에서는 요오드가 첨가된 소금을 이용하여 갑상 선부종을 예방하였다.

갑상선 기능 항진증(hyperthyrodism)의 경우도 갑상선이 커지는데, 이 경우 물질대사가 증가하여 집중력 감소, 신경과민과 심장박동, 혈압 및 체온이 증가하고 대사율이 높기 때문에 체중은 감소한다.

1 탄수화물대사 촉진

글리코겐을 당으로 만드는데 관여하며 혈당이 상승, 인슐린 분비 증가, 대사가 전반적으로 모든 기능에서 항진되어 산소의 소비도 증가된다. 또한 간, 신장, 골격근을 포함한 대부분 조직의 기초 대사율(BMR)을 증가시켜 체중이 감소되고 체온이 상승한다.

2 단백질 · 지방대사 촉진

거의 모든 생체 조직에서 단백질 합성과 분해 활성이 촉진하며, 콜레스테롤이 분해되어 담즙 생성이 촉진된다. 혈장 내 콜레스테롤, TG(트리글리세라이드)를 분해시켜 유리 지방산이 증가된다.

3 심혈관계 · 교감신경계의 항진

심박동수, 심박출량, 심수축력이 증가(혈압 상승)된다.

4 성장 및 발육 단백질 합성을 항진시켜 성장 및 발육을 촉진하며, 중추신경계도 발달

(2) 칼시토닌(calcitonin)

칼시토닌은 갑상선에서 생성되어 뼈를 파괴(흡수)하는 파골세포 기능을 억제하여 혈액 내의 칼슘 농도를 조절하는 기능을 갖고 있으며, 칼슘 양을 감지하여 지나치게 많으면 뼛 속에 저장시킨다. 칼시토닌의 이러한 기능은 혈액의 칼슘을 상승시키는 부갑상선 호르몬(파라토르몬)과 반대되는 작용으로 모두 칼슘대사를 조절하는 호르몬이다. 또한 뇌에 직접 작용하여 진통 효과를 나타낸다

① 골흡수 억제 효과

② 진통 효과

4) 부갑상선 호르몬(parathyroid gland)

(1) 파라토르몬(Parathormone)

부갑상선은 갑상선에 있는 4개의 작은 선으로 부갑상선 호르몬(parathyroid hormone)은 뼈로부터 칼슘을 분비시키고, 소화관과 신장에서의 칼슘 흡수를 증진시켜 혈액과 조직 액의 칼슘 수준을 유지하는 기능을 한다. 부갑상선 호르몬의 작용은 칼시토닌의 것과는 상반된다. 부갑상선 호르몬은 또한 신장에서 인산의 재흡수를 억제한다.

칼슘은 근육 수축, 신경 흥분의 전도 혈액응고, 골 형성 및 많은 효소의 활성에 필수적이기 때문에 부갑상선의 활성이 낮으면 치명적이다. 부갑상선 호르몬이 많으면 뼈에 칼슘이 축적되는 것보다 녹는 것이 많기 때문에 뼈가 부서지기 쉬운 골다공증이 생겨나며 폐경기의 여성에게 공통적으로 일어난다. 폐경기에 동반하여 일어나는 에스트로겐의 감소는 골 형성 세포들을 부갑상선 호르몬에 대하여 보다 민감하게 만들어 뼈의 질량을 감소시킨다.

5) 부신(adrenal gland)

부신(adrenal gland)은 신장의 상단에 위치하고 구조적, 기능적, 발생적으로 다른 피질과 수질의 두 부분이 물리적으로 붙어 있는 분비선이다.

부신수질 호르몬인 에피네프린 (epinephrine)과 노르에피네프린 (norepinephrine)은 비상시 작용하는데 이들을 카테콜아민이라고도 한다. 위험한 순간에 빠른 반응을 하는 교감신경의 자극을 받아 부신수질은 스트레스 반응 초기에 신경계의 지지 작용하여 심장 박동과 호흡 및 혈류를 증가시킨다.

부신피질은 3가지 종류의 스테로이드 호르몬, 즉 염류피질 호르몬(mineralocorticoid), 당류피질 호르몬(glucocorticoid) 및 성 호르몬 등을 분비한다. 염류피질 호르몬의 주된 형태인 알도스테론(aldosterone)은 신장에서 나트륨과 물의 재흡수와 칼륨의 분비를 증가시켜 혈액 양과 전해질의 균형을 유지하는데 출혈이 심할 때 체액의 손실을 보상하는 중요한 역할을 한다.

(1) 부신피질 호르몬(adrenal cortex)

부신피질 호르몬의 생리작용 기전은 염류, 수분, 탄수화물의 교대, 인산의 첨가, 생명의 유지, 기미, 주근깨 등 병적 색소의 침착 방지, 피부 윤기 등을 촉진시킨다.

부신은 양쪽 신장의 윗부분에 위치하고 있으며 안쪽은 부신수질(adrenal medulla), 그리고 바깥쪽은 부신피질(adrenal cortex)로 구성되어 있다. 부신수질(adrenal medulla)은 교감신경의 말단이 부푼 것이며 에피네프린(아드레날린)과 노르에피네프린(노르아드레날린)을 분비하는데, 교감신경에 의해 자극되면 이 두 호르몬은 에피네프린이 약 80%, 노르에피네프린이20% 분비된다.

이러한 비율은 생리적 상태에 따라 변화하며, 부신 이외의 다른 교감신경에서는 노르에피네프린이 더 많이 생성된다. 기능적인 면에서는 에피네프린이 주로 다수의 미세혈관 망을 수축시키고 골격근 사이에 있는 혈관을 확장시키는 데 비해 노르에피네프린은 대부분의 혈관을 수축시킨다. 그러나 일부 특정적인 반응에 있어서 그 작용이 서로 다르지만 대개의 경우 함께 작용한다.

부신피질은 3가지 종류의 스테로이드 호르몬, 즉 염류피질 호르몬(mineralocorticoid), 당류피질 호르몬(glucocorticoid) 및 성 호르몬 등을 분비한다. 염류피질 호르몬의 주된 형태인 알도스테론(aldosterone)은 신장에서 나트륨과 물의 재흡수와 칼륨의 분비를 증가시켜, 혈액 양과 전해질의 균형을 유지하는데 출혈이 심할 때 체액의 손실을 보상하는 중요한 역할을 한다.

당류피질 호르몬의 주된 형태는 코티졸(cortisol)인데, 장기간 스트레스에 대한 신체의 반응에 관여한다. 부신수질이 즉각적인 위험에 대하여 반응을 하는 반면 당류피질 호르몬은 감염 등 장기간의 위험에 대처한다. 당류피질 호르몬은 단백질을 아미노산으로 분해하고 간에서 이런 아미노산으로 포도당을 합성한다. 이 포도당은 즉각적으로 공급된 포도당이 결핍되었을 때 치유하는데 에너지 공급원으로 이용된다. 또한 간접적으로 혈관을 수축하여 혈액 손실을 느리게 하고 조직 염증을 방지한다. 부신피질에서 소량의 남성 및 여성 호르몬이 합성되는데 여성 호르몬보다 남성 호르몬이 더 많이 만들어진다

1 무기질 코르티코이드(mineralocorticoid, 염류피질 호르몬)

알도스테론(aldosterone)

- 나트륨과 물의 흡수
- 칼륨의 분비 촉진
- 혈액 양과 전해질의 균형 유지

2 당질 코르티코이드(glucocorticoid, 당류피질 호르몬)

코티졸(cortisol)

- 스트레스 방어 작용
- 정상 혈압 유지

• 염증 억제 작용
• 혈당 증가로 에너지원 공급(과다 분비 시 당뇨 유발)

3 성호르몬

부신성 안드로겐

• 미량으로 생리적 작용 미약
• 성모와 체모에 영향
• 여성의 경우 과다 분비 시 남성화, 다모증

(2) 부신수질 호르몬

부신수질 호르몬인 에피네프린(epinephrine)과 노르에피네프린(norepinephrine)은 비상시 작용하는데 이들을 카테콜아민이라고도 한다.

위험한 순간에 빠른 반응을 하는 교감신경의 자극을 받아 부신수질은 스트레스 반응 초기에 신경계의 지지 작용하여 심장박동과 호흡 수 및 혈류를 증가시킨다.

1 노르에피네프린(norepinephrine, 노르아드레날린)

• 교감신경 효과 증가
• 혈압 상승
• 혈당량 증가

2 에피네프린(epinephrine, 아드레날린)

• 교감신경 효과 증가
• 혈압 상승
• 혈당량 증가

6) 이자(pancreas)

이자는 지라와 소장 사이에 위치한 큰 분비선으로 호르몬의 분비뿐 아니라 소화효소도 생산한다. 소화효소를 분비하는 세포들 사이에 군데군데 일단의 세포들이 모여 있는 것을 랑게르한스섬이라 하는데 인슐린(insulin), 글루카곤(glucagon) 및 소마토스타틴(somatostatin) 등의 3가지 종류의 호르몬을 만든다.

인슐린과 글루카곤은 혈당량 조절에 서로 상반된 작용을 하여 식사 후 혈당량이 증가하면 인슐린의 작용으로 대부분의 세포들에서 혈액의 포도당 흡수가 일어나고 포도당을 분해하거나 포도당을 글리코겐으로 전환시켜 혈당량을 낮춘다. 반대로 글루카곤은 글리코겐을 분해하여 포도당을 만들어 혈당량을 증가시켜 식사 간에 에너지원을 공급한다. 소마토스타틴은 혈액이 영양분을 흡수하는 속도를 조절한다.

1. 글루카곤(α세포) : 혈당량 증가(글리코겐 → 포도당, 이화작용)
2. 인슐린(β세포) : 혈당량 감소(포도당 → 글리코겐, 포도당의 산화, 동화작용)
   ⇒ 결핍 : 당뇨병
3. 소마토스타틴(δ세포) : 인슐린과 글루카곤 억제 내지 조절

참고

당뇨병(diabetes mellitus)

type Ⅰ 당뇨병은 인슐린 분비가 적절하지 못하여 일어나는 것이다.

type Ⅱ 당뇨병은 인슐린의 양이 정상이나 표적세포가 인슐린에 대한 반응성을 잃어서 생기는 것으로 눈, 순환계, 신경계, 신장의 기능에 이상을 유발한다. 매일 인슐린 주사를 맞고 혈당량을 체크하며 음식을 조절한다.

7) 성 호르몬

시상하부는 분비 호르몬으로 뇌하수체를 자극하고 뇌하수체는 난소를 자극하여 에스트로겐과 프로게스테론을 생산하게 한다. 에스트로겐은 질, 자궁 및 가슴의 세포분열을 증가시키고 여성 피하지방을 증가시킨다. 프로게스테론은 생식기능과 관련된 분비를 조절한다. 시상하부는 이들의 낮은 수준을 감지하여 황체형성 호르몬-분비 호르몬(Luteinizing-Hormone- Releasing Hormone, LHRH)을 뇌하수체 전엽으로 보내어 많은 양의 여포자극 호르몬과 적은 양의 황체형성 호르몬을 분비하게 한다. 증가한 여포자극 호르몬(FSH)는 난소의 여포를 성숙시키고 여포로부터 에스트로겐의 분비가 시작된다. 증가한 에스트로겐은 자궁벽을 자극하여 임신에 대비하며 혈중 여포자극 호르몬(FSH)의 수준을 낮추고 이것은 시상하부로 하여금 보다 많은 황체형성 호르몬-분비 호르몬(LHRH)을 생산하도록 자극한다.

(1) 난소

1 에스트로겐(여포자극 호르몬)

- 여성 생식기 발육 촉진
- 가슴 발달
- 피하지방 발달
- 폐경기 후 분비 저하

2 프로게스테론(황체 형성 호르몬)

- 월경 주기에만 분비되어 배란 억제
- 임신 유지
- 젖 분비 억제
- 경구피임제로 사용

(2) 고환

고환에서 분비되는 호르몬은 극소량으로 일정하게 분비된다. 시상하부의 황체 형성 호르몬-분비 호르몬(LHRH)은 뇌하수체 전엽을 자극하여 여포 자극 호르몬(FSH)과 황체 촉진 호르몬(LH)을 분비케 한다. 여포자극 호르몬(FSH)은 정자 형성 초기에 작용하고 간질세포 자극 호르몬(ICSH)은 정자 생산을 완료하고 테스토스테론의 생성과 분비를 자극한다.

테스토스테론은 남성 성징 발달을 자극하고 후에 안면 모발의 변성, 근육 성장의 증가 등 2차 남성 성징 발달을 촉진한다.

1 안드로겐

- 남성 생식기 발육 촉진
- 단백질 동화작용으로 근육 성장 촉진
- 남성 2차 성징 발달

2 테스토스테론

- 남성 2차 성징 발달

8) 소화 호르몬

위장관 및 췌장에서 만들어지는 peptide 호르몬으로 소화관의 특이적인 세포인 산재성 내분비기관(disseminated endocrine organ)에서 생산되며 혈류 중으로 방출되거나 세포 사이에 전달된다.

1 가스트린(gastrin)

- 위산분비 촉진
- 식도 소장, 담낭의 운동성 증진
- 인슐린과 췌장효소 분비 촉진(pancreozymin) 작용
- 신경 전달물질 또는 전달 조절 인자로 작용

2 세크레틴(secretin)

- 물과 중탄산 이온(HCO_3-)의 분비 촉진
- gastrin에 의한 위산분비 비길항적 억제 작용
- pepsin 분비 촉진
- 위 운동 억제
- 맥박 증가 및 혈관 확장
- glucagon 분비 억제 작용

3 콜레시스토기닌(cholecystokinin)

- 담낭 수축 촉진 작용과 췌장효소 분비 촉진
- 식욕 억제
- 장관운동 촉진
- 소장에서의 전해질 흡수 억제
- 십이지장선의 분비 촉진

참고

- **길항작용**

서로 상반되는 작용을 가진 자율신경이나 호르몬에 의해 체내 기관의 기능이 적절히 조절되는 현상이다.

① 교감신경과 부교감신경
② 인슐린과 글루카곤
③ 칼시토닌과 파라토르몬

- **항상성**

외부 환경이 변하더라도 체내 환경인 pH, 삼투압, 체온 등을 일정하게 유지하려는 성질로 호르몬과 자율신경에 의해 조절

- **사람의 항상성 유지**

① 혈당 : 0.1%
② NaCl : 0.85~0.9%
③ 체온 : 36.5℃ 내외
④ pH : 7.3~7.4

3. 모발과 관련한 호르몬의 작용

호르몬은 대사 조절작용이나 촉매작용에 의해 반응을 촉진시키거나 억제시킨다. 호르몬 중에서 단백질이나 아미노산의 유도체인 것들이 있다. 갑상선 호르몬인 티록신(thyroxine)과 부신수질 호르몬인 아드레날린(adrenalin)은 필수아미노산인 티로신(tyrosine)에서 생성되며, 췌장에서 분비되는 인슐린(insulin)도 거대한 분자를 가진 아미노산의 유도체이다. 모발과 관계있는 호르몬은 뇌하수체 H, 갑상선 H, 부신피질 H, 성선 H(난소나 고환) 등은 뇌하수체 전엽에서 분비되는 호르몬으로서 성장 호르몬(GH), 갑상선 자극 호르몬(TSH), 부신피질 호르몬(ACTH), 성선 자극 호르몬(GTH) 등 여러 가지 일을 하는 호르몬이 분비되고 서로 관련성을 가짐으로서 신체의 기능이 원활하게 유지된다.

(1) 뇌하수체 전엽(Anterior pituitary)

갑상선, 부신피질, 성선을 자극하는 호르몬(난포 자극 호르몬, 황체 형성 호르몬), 유선 자극 호르몬과 생장 호르몬이 나오며 이들 호르몬의 분비를 지배한다. 뇌하수체의 이상이 있으면 탈모가 되며 호르몬을 투여하면 모발 발육이 좋다는 실험 결과도 있다. 그러나 호르몬의 직접적 작용이라기보다는 다른 호르몬의 분비를 억제하거나 촉진시키거나 하는 간접적 작용을 한다.

(2) 갑상선 호르몬(Thyroxine)

모발의 발육에 관계하는 갑상선 호르몬 기능이 쇠퇴해지면 모발은 유연하며 가늘어지고 퇴화된다. 기능이 항진되면 발육은 양호하게 되고 지나친 항진도 '바세도우씨병' 과 같은 증상으로서 탈모가 일어난다. 갑상선 호르몬의 생리 작용 기전은 물질 교대의 조절과 비만, 탈모, 손톱 발육, 불안 방지, 피부 윤기 등을 촉진시키며, 해초의 요오드(I) 성분은 갑상선 호르몬의 원료가 된다.

(3) 부신피질 호르몬(Adrenal cortex)

부신피질의 이상은 여성의 경우 남성 호르몬과 같은 물질이 분비되어 성모나 체모에 영향을 준다. 성 호르몬(corticosterone)과 같은 작용을 하는 호르몬이 분비되며, 여성으로서 체모가 짙거나 수염이 나는 것은 이 부신피질의 기능 항진에서 온다.

(4) 성 호르몬(Corticosterone)

남성 호르몬(안드로겐)은 부신피질 및 성선에서 합성되어 분비되며 대표적인 것이 테스토스테론(testosterone)과 DHT(dihydrotestosterone)이며 DHT가 남성형 탈모증을 일으키는 주요한 호르몬이다. 성 호르몬의 형성 과정은 사춘기의 testosterone 및 DHT의 선택적 기능을 갖게 되는데 testosterone는 근육 양 증가, 음경 및 음낭의 성장, 음성 변화, 남성화 음모와 겨드랑이 털, 정자 형성을 관여하고 DHT는 전립선의 성장, 여드름, 성모 성장(가슴, 수염, 팔다리, 몸통, 외측 귀, 코털), 앞 머리선 후방 퇴출에 관여한다. 즉, 남성 호르몬인 testosterone은 모발 발육을 억제시키나 체모는 이와 반대로 그 발육을 촉진한다. 또한 피지분비를 촉진시켜 지루성으로 되기 쉽고 과잉 피지분비로 인해 모근을 손상시켜 탈모를 일으킨다(지루성 탈모).

여성 호르몬인 난소의 여포 호르몬은 피지선 모낭의 발육을 억제시켜 모발의 발육을 촉진시키며, 혈액순환을 촉진시켜 피부의 기미 투명도를 높여준다. 남성 호르몬은 수염이나 흉모에 관계되고, 부신피질에서 만들어지는 남성 호르몬은 음모, 성모 등에 관계된다.

어떠한 원인에 의해서 모발의 성장이 억제되게 되면 모근에서 일어난 변화가 모간에 나타나는데 1개월 반 이상이나 걸린다. 또한 성장을 방해하는 원인이 없어지면 기능이 회복될 때까지 일정한 기간이 걸린다. 이 두 가지를 포함한 기간이 모발의 회복에 걸리기 때문이다. 피부의 경우는 약 28일로 비교적 간단하게 회복되지만, 모발의 경우 그 만큼 회복 시간이 오래 걸린다.

참고

- **모발과 영양**
  - 단백질 기능 : 에너지 급원, 호르몬·효소·항체의 형성, 체액의 균형, 산과 염기의 균형, 영양소 운반
  - 탄수화물 기능 : 에너지 공급, 단백질 절약, 장내 운동성, 신체의 구성 성분
  - 지질 기능 : 신체 구조 형성, 대사 조절, 에너지원
  - 미네랄과 비타민 : 에너지원은 아니나 대사기능 등에 필수적이며 미량만으로도 그 기능을 수행할 수 있다.

- **모발과 관련된 호르몬**
  - 뇌하수체 호르몬 : 온 몸의 호르몬 분비기관에 직접 지시, 분비 조절 기능
  - 갑상선 호르몬 : 모발 발육과 관계, 지나치게 항진 시 탈모 유발, 쇠퇴 시 모발 가늘어짐
  - 부신피질 호르몬 : 모발의 색과 체모에 영향, 기능 항진 시 모발이 가늘어지며 남성화 경향이 있음, 쇠퇴 시 부종과 탈모가 나타남
  - 성 호르몬 : 여성 호르몬(모발 발육 촉진, 체모 발육 억제)
남성 호르몬(모발 발육 억제, 체모 발육 촉진)

| 호르몬의 적용 |

내분비선			호르몬의 이름	주요 작용	결핍증
시상하부			성장 호르몬 방출 호르몬(GHRH)	성장 호르몬의 분비를 촉진	성장 호르몬 분비 저하
			성장 호르몬 방출 호르몬(GHIH)	성장 호르몬의 분비를 억제	성장 호르몬 분비 과다
			생식선 자극 호르몬 방출 호르몬(GnRH)	생식선 자극 호르몬의 분비를 촉진	생식선 기능 저하
뇌하수체	전엽		성장 호르몬(GH)	뼈, 근육, 내장 기관의 성장 촉진	성장 저해
			갑상선 자극 호르몬(TSH)	갑상선 호르몬의 분비 촉진	갑상선의 기능 저하 피부 건조, 탈모
			부신피질 자극 호르몬(ACTH)	부신피질 호르몬의 분비 촉진	부신의 기능 저하 Addison병 (피부색소증)
			여포 자극 호르몬(FSH)	여포의 성숙 촉진 에스트로겐의 분비 촉진 정자 형성 촉진	생식 기능의 저하 남성화 피부·모발 쇠퇴 현상
			황체 형성 호르몬(LH)	생식 기관의 발달 촉진 테스토스테론의 분비 촉진 배란 촉진	생식기의 퇴화
			프로락틴(PPL)	젖 분비의 촉진	유선의 발육 부진
	후엽		옥시토신(OT)	자궁 수축	난산
			항이뇨 호르몬(ADH)	세뇨관의 부분 재흡수 촉진	요봉증
갑상선			티록신(T4)	물질대사 촉진	크레틴병 (지능 저하, 난쟁이)
			칼시토닌	체액 내 칼슘 대사 조절	
부갑상선			파라토르몬(PTH)	체액 내 칼슘과 인의 대사 조절	테타니병
부신	피질		알도스테론(무기질코르티코이드)	체액 중의 무기질의 농도를 조절	Assison병 (피부색소증)
			코티졸(당질코르티코이드)	혈당량을 조절	
	수질		에피네프린 · 노르에피네프린	혈당량을 증가, 혈압 상승	지방, 당의 대사
이자 (랑게르한스섬)			인슐린	혈당량을 감소	당뇨병
			글루카곤	혈당량을 증가	
생식선	정소		안드로겐 테스토스테론	남성의 제 2차 성징 발현	여성화
	난소	여포	에스트로겐	여성의 제 2차 성징 발현 여성의 생식기관 발달 촉진	남성화
		황체	프로게스테론	배란 억제 (경구피임제) · 임신 유지 젖 분비 억제	유산

CHAPTER

04 퍼머넌트 웨이브 이론

1. Permanent wave의 개요

1) Permanent의 정의

자연 상태의 모발에 물리적 · 화학적인 과정을 거쳐 모발의 구조, 모양 등의 변화를 주어 영구적인 변화된 모양으로 만든 스타일을 말한다.

퍼머넌트 웨이브는 자연 상태의 모발에 물리적 · 화학적인 과정을 거쳐서 모발의 구조나 모양을 지속적인 물결 모양의 웨이브상으로 변화시키는 것을 말한다. 즉, 퍼머넌트 웨이브는 연속적인 파도와 같은 웨이브를 오랫동안 유지시키고 아름다운 스타일로 변화시키며 하나의 스타일을 완성시키는 하나의 방법이다. 화학적인 과정으로는 퍼머넌트 웨이브제의 사용이며, 물리적인 과정으로는 섹션의 크기, 텐션의 크기, 로드의 굵기와 같이 웨이브에 영향을 주는 요인들이다. 이는 모발에 아름다움을 나타내는 것으로 전체적으로 웨이브를 형성하여 모발을 풍성하게 하여 볼륨 조절을 통하여 머리숱이 많아 보이게 하거나 부분적인 볼륨을 주어 빈약한 부분을 감추거나 혹은 손질하기 쉽도록 하기 위해서이다.

2) permanent wave의 역사

퍼머넌트 웨이브의 역사를 알기 위해서는 고대로까지 거슬러 올라가 보아야 한다. 인류는 아름다움에 대한 욕구를 충족시키기 위해 여러 가지 방법을 사용하였는데, 그 방법들이 고대의 벽화나 조각 등 예술작품 등에 잘 나타나 있다. 고대인들을 주제로 한 그림이나 조각에 나타난 모발 형태는 직모보다는 다양한 컬이나 웨이브가 주를 이루고 있다. 이것으로 고대인들이 직모보다는 웨이브 모발을 선호하였으며, 웨이브의 형태에 따라 아름다움을 다양하게 표현하였음을 알 수 있다.

펌 웨이브의 역사는 기원전 3,000년경 고대 이집트 나일강 유역의 알칼리 성분의 토양인 진흙을 모발에 바르고 둥근 나무막대에 말아 태양열을 건조시켜 모발에 물리적 · 화학적 변화를 주어 모발의 구조와 모양에 변화를 주어 웨이브를 형성시킨 것이 퍼머넌트 웨이브의 시초라 할 수 있다. 이것이 알칼리와 열을 이용한 퍼머넌트 웨이브의 기원이라 할 수 있다. 그 이후 고대 그리스 · 로마 시대에도 불로 데운 쇠막대기를 이용하여 웨이브를 만들었다. 그 후 루이 14세 때 가발이 유행되었는데, 이때 진흙으로 만든 작은 원기둥 모양의 롤러에 가발을 감아 뜨겁게 달구어 말린 후 웨이브를 형성시키는 방법으로 사용되었다.

1872년 프랑스의 마셀 그라또(Marcel Grateau)에 의하여 웨이브를 만드는 기구인 Iron이 발명되어 헤어스타일의 신기원을 이루었다. 그러나 이는 일시적인 웨이브로서 머리를 감거나 모발에 수분이 닿으면 웨이브가 풀려서 원래의 직모로 되돌아가는 결점이 있었다.

영국 사교계의 유명한 미용사 찰스 네슬러(Charles Nessler)는 웨이브를 영구적으로 지속시킬 수 있는 방법을 연구하던 중 모발에 붕사와 같은 알칼리 수용액을 바른 다음 금속성 원형 롤러에 와인딩을 하고 전기로 가열하는 방법을 고안했다. 1905년 영국의 찰스 네슬러(Charles Nessler)의 히트 웨이브를 형성하는데 성공하였고, 이때의 와인딩 방법은 긴 머리에만 시술이 가능한 모근에서 모발 끝으로 와인딩하는 스파이럴식(Spiral winding method) 형태였다.

1925년 죠셉 메이어(Joseph Mayer)가 크로키놀식 웨이브를 고안해 냈는데, 모발 끝에서부터 모근 쪽으로 와인딩 해 나가는 기법으로 짧은 머리나 긴 머리 모두 가능한 방법이다.

1927년에는 웰라에 의해서 105 ~110 ℃의 핫 웨이빙 기구가 개발되었고, 1936년에는 아스트버리(Astbury)와 스피크만(J.B. Speakman)에 의해서 아유산 수소나트륨을 이용하여 40 ℃ 정도의 실내 온도에서도 퍼머넌트 웨이브가 얻어지는 Cold permanent wave의 혁신을 이루게 되었다. 기본의 높은 열을 이용하지 않고 실온에서도 퍼머넌트 웨이브가 가능하다는 의미로 콜드 웨이브(Cold wave)라는 명칭이 사용되어 졌다.

즉, 위험한 전기를 사용하지 않는 방법으로 약품의 화학반응에서 얻어진 반응열을 이용함으로 가열 기구의 위험함으로부터 벗어났다.

이는 알칼리와 열을 이용한 히트 웨이브(head wave)로써 이때의 와인딩 방법은 모근에서 모발 끝 쪽으로 와인딩 해 나가는 스파이럴 와인딩 방식으로 긴 모발에만 시술이 가능하였다. 찰스 네슬러의 히트 웨이브는 100도가 넘는 고열을 사용하는 방법으로 모발이 끊어지는 등의 위험성과 12시간이 넘는 시술 시간, 높은 비용 등으로 인해 널리 사용되지는 못했다.

한편 1930년대 이후 많은 연구를 거듭하던 중 모발 케라틴(hair keratin)의 화학 구조가 해독되었고, 고구르란 학자가 처음으로 케라틴의 결합을 절단할 수 있는 티오글리콜산(Thioglycolic acid: $HSCH_2COOH$)의 화학반응을 발표한 것을 계기로 1941년 미국의 맥도우(McDonough) 등이 티오글리콜산(Thioglycolic acid)염을 주원료로 콜드 퍼머넌트 웨이브의 연구를 성공하였고, 그 후 많은 연구를 거쳐 1947년 미국의 FDA(식품의약품국)에 의해 티오글리콜산염을 주제로 한 펌제가 제조 방법이 비교적 간단하고 보건위생상 무해하며 효과적인 웨이브를 얻을 수 있다는 인증을 받아 현재에까지 이르고 있다.

이 외에도 시스테인(Cysteine)과 산성 퍼머넌트 등 다양한 종류의 퍼머넌트 웨이브가 개발되고 있다. 우리나라에서는 1937년경부터 전발(電髮 : 퍼머넌트)이 시작되었으며 1940년대 후기에 가열 퍼머는 쇠퇴하면서 콜드 웨이브퍼머, 전기퍼머 등의 다양한 퍼머넌트 웨이브 기법이 소개되었다.

3) 현대 서양 퍼머넌트 웨이브의 시대별 변천사

1 1900년대

20세기 초 유럽의 선진 공업국가들은 해외 식민지를 통하여 많은 부를 축적하였다. 급속한 과학기술의 발달로 풍요와 성장을 거듭하여 아르누보 양식이 유행하였다. 헤어스타일은 가르마 없는 앞머리를 위로 빗어 올리고 뒷머리를 느슨하고 부드럽게 치켜올린 퐁파두르 스타일(pompadour style)이 유행하였다. 이 스타일은 본래 프랑스 루이 15세의 정부였던 Marquise de Pompadour가 유행시킨 스타일로 그녀의 이름을 따서 퐁파두르라고 부르게 된 것이다. 퐁파두르 스타일이 유행하면서 리본, 깃털, 꽃 등으로 장식한 모자를 즐겼으며 적갈색으로 염색을 하기도 했다. 헤어디자이너 마샬이 창안한 마셀 웨이브로 파도 모양의 곱슬곱슬한 스타일을 유행시켰으며, 찰스 네슬러가 전기 열과 알칼리 수용액으로 한 단계 더 발전된 오래가는 퍼머넌트 웨이브를 소개함으로써 매일 머리를 손질해야 하는 수고로움을 덜게 되었다.

<올백 퐁파두르의 알렉산드리아>

2 1910년대

1910년대는 제1차 세계대전(1914~1918)으로 인해 여성들의 사회 진출이 늘어난 시기이다. 계층을 막론하고 많은 여성들이 남성들을 대신해서 군수품 공장 등에서 일을 해야만 했다. 자유연애를 하고 참정권을 주장했으며 공공연히 담배를 피우기 시작했다. 헤어스타일 또한 여성스러움과 권위의 상징에서 단순하고 손질하기 쉬운 것으로 변화 되었다.

단순함과 기능성을 추구하게 되면서 쇼트 커트(short cut)나 보브 스타일(bob style)이 선풍적인 인기를 끌어서 종순 간호사나 남성들을 대신하여 공장에 나가서 일하는 여성들의 보편적인 스타일로 자리 잡았다.

이 시대의 퍼머넌트 웨이브는 세로 웨이브인 스파이럴 와인딩(spiral winding) 기법이 유행되어 어깨까지 늘어진 머리에 스파이럴로 와인딩한 헤어스타일을 가진 영화배우들이 유행에 많은 영향을 끼쳤다.

3 1920년대

제1차 세계대전(1914~1918)이 종식되면서 여성들의 지위가 향상되고 경제력을 갖게 되었다. 자유연애를 즐기고 활동성을 중시하면서 보이시한 스타일을 선호하였다. 전후 미국은 세계 최강국으로 부상하였는데, 부의 지나친 편중으로 인해 가난한 서민들의 구매력이 떨어져 재고가 쌓이면서 1929년 대공황이라는 불경기를 맞게 되었다. 1910년대에 유행한 보브 스타일이 1920년대에 들어서면서 보브 스타일보다 더 짧은 남성 머리 형태의 쇼트 커트인 싱글

(single)이라는 스타일을 하였다. 싱글이란 남성들이 전통적 머리 형태처럼 뒷머리를 짧게 쳐 주는 것으로서 이 싱글 커트는 남녀평등에 대한 의지를 드러낸 것이었다.

퍼머넌트 웨이브는 짧은 머리에 얼굴을 감싸는 듯한 마셀 웨이브를 하였는데 짧아진 머리로 인해 5cm 정도의 작은 핀을 제외한 다른 핀은 거의 사용이 되지 않았다. 1925년엔 죠셉 메이어가 모발 끝에서 모근 쪽으로 와인딩 하는 크로키놀 와인딩(croquignol winding) 기법을 고안하여 짧은 머리의 펌이 가능하게 되어 여성들의 헤어스타일 연출이 훨씬 더 간편해졌다.

4 1930년대

1930년대는 1929년 세계적인 대공황으로 인해 실업과 인플레가 늘어났으며 1939년 제2차 세계대전이 발발하여 모든 문화가 거의 정지 상태가 되었다. 이로 인해 사회적 분위기가 불안해지면서 모성애가 풍기는 여성스럽고 세련된 여성이 이상형으로 대두되면서 의상, 메이크업, 헤어스타일이 부드럽고 성숙되며 여성스러워지게 되었다.

헤어스타일에 있어서는 부드러운 퍼머넌트 웨이브가 대세를 이루었는데, 1936년에 개발된 콜드 웨이브 방법으로 퍼머넌트 웨이브가 일반인에게 대중화되었고, 1920년대의 짧은 보브 스타일과 달리 어깨 길이에 머리 중간이나 끝만 부드럽게 웨이브를 주는 스타일이 유행하였다. 30년대의 경제공황으로 인해 사람들은 영화의 화려함에서 현실의 어려움을 잊으려 했다. 영화배우들의 헤어스타일이나 메이크업, 의상 등은 당시 유행에 큰 영향을 미치게 되었다.

<진할로우> <그레타 가르보>

진 할로우(Jean Harlow)의 금발머리, 그레타 가르보의 페이지 보이 보브(page boy bob) 스타일 등이 세계적으로 유행하였으며 베레모, 터번을 쓰거나 화려한 스카프를 삼각형으로 접어서 쓰고 턱밑에서 잡아매는 등 액세서리를 이용한 스타일이 스크린을 통하여 유행하게 되었다.

5 1940년대

제2차 세계대전(1939~1945) 기간부터 1945년까지 세계의 문화는 거의 정지 상태였고 인류는 여러 가지 어려움으로 큰 고통에 시달리게 되었다. 제2차 세계대전이 끝나고 세계 문화의 중심은 미국으로 옮겨가는 계기가 되었으며, 사람들의 사고 체계도 권위주의적 사고에서 대중 중심의 자유로운 사고 체계로 변화하기 시작하였다. 1940년대에는 1930년대에 비해 헤어스타일이 비교적 간소해졌으며 머리 보호용의 모자를 착용하기 시작하였다. 전쟁이 끝난 후 크리스찬 디올의 뉴룩(new look)의 유행으로 머리에서 발끝까지 작아 보이도록 했으며 머리 형태도 두상에 딱 달라붙는 시뇽 형태였다.

헤어스타일은 퐁파두르 스타일이 유행하였는데, 1900년대의 퐁파두르 스타일에 비해 머리를 부드럽게 어깨 위에 내렸으며 과하게 부풀리지 않았다. 1940년대 후반에는 긴 머리보다 어깨 길이, 혹은 그보다 더 짧아져가는 경향을 보이게 되었다.

6 1950년대

1950년대는 제2차 세계대전이 끝나고 미국과 소련을 중심으로 한 냉전체제에 진입하게 되었다. 세계의 중심은 미국이 다방면에서 리드를 하게 되었고 경제적 풍요 속에서 사회를 구성하는 개개인은 거대 조직 사회의 한 부속으로 전락하게 되었다.

1950년대의 헤어스타일은 짧은 머리와 볼륨감 있는 굵은 웨이브가 주류를 이루었다. 모발은 4~5cm 길이로 똑같이 잘라 컬을 준 푸들 컷(Poodle Cut), 이마와 뺨에 납작하게 붙인 곱슬 애교머리 스타일, 10cm 정도의 모발을 둥글고 굵은 우아한 웨이브를 낸 버블 스타일 등이 있다. 1950년대를 대표하는 마릴린 먼로가 버블 스타일을 주로 하였고, 오드리 햅번의 불규칙한 앞머리와 짧은 커트, 픽시 커트, 브리짓 바르도의 흐트러진 스타일이 유행하였다.

<브리짓 바르도>

<마릴린 먼로>

<오드리 햅번>

7 1960년대

제2차 세계대전 이후 태어난 세대가 1960년대에 청년층을 형성하면서 고등교육과 취업의 기회를 얻어 커다란 힘의 집단을 형성하게 되었다. 이들은 독특한 청년 문화를 형성하였는데, 영국의 비틀즈(Beatles)와 롤링 스톤스(Rolling Stones) 등을 우상으로 삼았으며, 기성세대에 반기를 들어 히피문화를 꽃피웠으며 흑인 민권운동이 활발하게 전개되어 곱슬머리를 그대로 크게 부풀린 흑인들의 둥근 헤어 스타일인 아프로 스타일(Afro Style)이 유행하였다.

1960년대의 헤어스타일은 풍성한 볼륨을 줘서 과도하게 부풀리는 부판트(Bouffant) 스타일이 유행하였다. 머리 길이에 상관없이 긴 머리나 짧은 머리에도 백코우밍 등을 사용하여 모발을 부풀렸으며, 히피문화가 형성되면서 히피 스타일(Hippie Style)이 유행하였는데, 히피 스타일이란 긴 머리를 다듬지 않은 채로 그대로 풀어헤쳐서 자연스러운 모양을 내는 스타일이다. 또한 영국의 비달사순(Vidal Sassoon)이 기하학적 커트로 유명해졌으며 영국의 10대 모델인 트위기(Twiggy)의 짧은 머리가 유행하기도 했다.

<부판드 스타일>

<60년대의 비틀즈>

<재키 케니디>

<모델 트위기>

<히피 스타일>

8 1970년대

1973년의 석유 파동과 재정 적자로 세계는 크게 동요하면서 자연으로 되돌아가자는 운동과 여성운동이 확산되었다. 1970년대의 영국은 젊은이들의 비중이 컸지만 경제적인 불황으로 상당수가 실업자 상태에 있었다. 자신들의 암울한 미래 사회에 대한 반항, 분노, 좌절을 젊은이들은 펑크와 같은 혐오스러운 복장과 헤어스타일을 하고 다니면서 연출하였다.

헤어스타일은 자연으로 되돌아가자는 운동으로 인해 바람처럼 자연스러운 퍼머넌트 웨이브가 유행했으며 특히 파라 포셋(Farrah Fawecett)의 자연스러운 헤어스타일이 유행했다. 후반에는 펑크 스타일이 많이 보였는데 머리를 뾰족뾰족하게 세우고 다양한 컬러로 염색하는 등의 스타일을 통해 자신들의 주장을 나타내려 하였다.

<파라 포셋>

<펑크스타일>

9 1980년대

1980년대는 사회 문화 전반에 걸쳐 변화된 모습들이 표면적으로 구체화되는 시기이다. 계층간의 위계질서가 무너지고 다양성과 가변성이 수동되는 현상이 나타나 기존의 절대가치를 지향하던 중앙 집권적 체제에서 가치의 상대성을 인정하는 체제로 변화되었다.

미용시장에도 많은 변화가 있었는데 전문 뷰티살롱이 대중화되어서 일반인들이 손쉽게 이용하였고, 해마다 그 해의 트렌드를 발표하여 세계적으로 작품을 공유하기 시작했다.

1970년대의 펑크 스타일이 계속 유행하였으며 다이애너비의 커트 스타일이 전 세계적으로 퍼졌다. 또한 다양한 색깔의 컬러링이 일반화되고 퍼머넌트 스타일은 부드러우면서 자연스러운 웨이브가 유행하였다.

<숏 커트 스타일>

10 1990년대

현대와 탈현대의 과도기적 상황에서 전통성의 회복, 복고 부활, 아시아·아프리카·남미 등 이국적 감각이 등장하였고, 환경 파괴와 생태계 보존이 심각한 문제로 대두되었다. 소련연방이 붕괴되면서 이념 체계가 무너지고 경제 원리에 의해 움직이는 세계가 되었다.

1990년대 말에는 새천년에 대한 기대로 다양한 문화가 공존하였고 다양한 문화를 사회 전반적으로 받아들이는 분위기가 되었다. 헤어스타일에 있어서도 개인의 독창성을 중시하여 다양한 스타일이 공존하였다. 자연보호 트렌드와 함께 밝은 색의 길고 자연스런 웨이브가 유행하였고, 제3국에 대한 관심이 증대되면서 힙-합 레게 스타일, 동양풍의 생머리나 직선적인 뱅을 한 스타일이 유행하였다. 개인의 개성을 중시하게 되면서 '나'를 강조하기 위한 헤어스타일 또한 두상에 달라붙는 스트레이트 스타일이 유행하였고, 굵은 퍼머넌트 웨이브가 주류를 이루었다.

11 2000년대 이후

2000년대에는 모든 면에 있어 환상성, 가상 현실 등이 대폭 도입된다. 인터넷의 역할이 놀랄 정도로 증대되었다.

한 세기가 바뀌면서 많은 컬렉션과 트렌드 발표가 줄을 잇고 있고 미용 전반에 많은 변화를 초래했다. 과학의 발달로 좀 더 안전하고 친환경적인 퍼머넌트 웨이브제들이 개발되고 다양한 미용기구들이 발전되면서 많은 변화를 가져왔다. 과거 어느 시대보다 개인의 독창성이 중시되어서 다양한 스타일이 재창조되었으며, 헤어 컬러링도 고도로 발달하였다. 퍼머넌트 웨이브의 형태도 굵은 웨이브와 호일 펌이나 아프로 펌과 같이 강한 웨이브가 공존하여 발전되었다.

4) 한국 퍼머넌트 웨이브의 시대별 변천사

1 1900~1910년대

1870년대에서 1910년까지의 개화기는 커다란 충격과 사회 변화 과정의 시대였다. 갑오개혁과 을미년에는 단발령이 공포되고 구미식 의복과 단발은 사회 윤리관에 대대적인 변화를 가져오게 되었다.

한국 남성의 헤어스타일은 역시 앞가르마의 아비뇽 스타일과 가르마 없이 뒤로 넘겨 이마를 강조한 브레상 스타일이 나타나 보이는데, 대부분 피마자유를 이용하여 두발을 머리에 붙이는 경향이 강했던 것으로 보인다. 1900년대의 한국 여성의 헤어스타일은 전통 양식의 보존과 새로운 양식의 전래로 인한 혼란기에 놓이게 된다. 양반 머리에는 또야머리, 어여머리가 있고 처녀, 총각들은 세 갈래로 땋아 길게 늘어뜨린 댕기머리가 있다. 부녀자들의 머리는 쪽진 머리가 있다. 20세기 초 기생들의 쪽머리는 가운데 가르마를 하여 동백기름을 발라 고정한 뒤 뒷머리에는 비녀를 꿉아 장식하였고, 이마를 넓어 보이게 하기 위해 양옆의 잔머리를 뽑아 사각형 모양의 이마를 만들었다.

<아비뇽, 브레상 스타일>

<정경부인의 가체머리>

<기생머리 스타일>

2 1920~1930년대

① 1920년대

한국 최초로 미용실이 등장하게 된 시기이다. 일본 여성들이 한국으로 많이 건너오면서 진고개에 일본인들이 직접 경영하는 미용실이 들어선 것이 우리나라 미용실의 시초이다. 이어 세계 1차 대전이 끝나고 여성의 사회 진출이 높아지면서 사회적인 위치가 인정됨에 따라 여성 의식에도 새로운 변화의 바람이 불게 되었다. 이 시기에 등장한 스타일은 기능적으로 간결하면서 신여성과 멋쟁이의 상징이 된 단발머리로 의상에서도 기능성을 추구한 스타일이 점차 늘어나면서 미용에도 변화의 바람이 불게 되었다.

② 1930년대

당시 경술국치 이후 일본 유학파 신여성들의 부류가 새로운 패션 리더였으며 당시 시인, 화가, 음악가 등 소위 예술가로 불리는 선구자적인 여성들의 생활이나 결혼과 화장품 등은 일반인들에게는 매우 충격적이었다. 우리나라 초창기의 미용실은 일본 유학 시절 미용 공부를 하고 귀국한 오엽주가 1933년 화신 백화점 안에 개설한 화신 미용실이었으며, 당시 퍼머넌트 값은 쌀 두 섬 정도의 값으로 아주 비쌌지만, 장안의 부유층 여성들과 멋쟁이 여성들은 앞 다투어 줄을 섰다고 한다. 1929년 기생 중 처음으로 남도 출신의 정금숙, 서도 출신의 김금도 등이 일본 유학을 마치고 단발머리로 돌아와 헤어 패션계의 화제가 되었다.

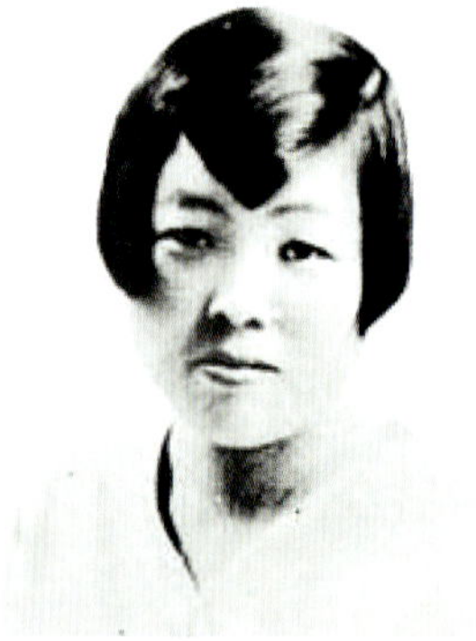

<김활란 여사의 단발머리>

3 1940~1950년대

- 일제강점기의 끝 무렵 -

〈미용사 자격증의 개설〉

자격증 제도가 없었으므로 미용학원 졸업증만으로도 미용실 개업이 가능하였고, 당시 여성들 직업 중 수입 면에서 타 업종에 비해 높은 수준이었다. 그러나 그러한 제도의 허점은 미용인의 질적 수준 저하 우려가 있어 불합리하다고 판단하여 서울시 미용조합 연합회는 우리나라도 일본처럼 미용 공부를 해서 미용사 자격시험을 보고 합격해야만 미용실을 개설할 수 있는 제도를 마련하였다. 1947년 미용사 자격시험 준비 위원회 구성하였고 1948년 10월 1일 서울시청에서 최초로 미용사 자격증 시험을 실시하게 되었다.

〈미용 단체 등장〉

'서울시 미용조합연합회' 라는 미용 단체를 결성하였는데, 미용실을 경영하던 업주들이 미용업의 권익과 친목을 위해 구성한 단체이다. 그 이후 이 단체는 6.25전쟁으로 인해 3년 동안 활동이 중단되었고, 미용조합연합회의 활동과 미용사 자격시험은 1954년 서울 수복 후 사무실을 마련하는 등 조직을 재편하였다.

헤어스타일은 해방 전에는 핑거웨이브(세트로션을 발라 손가락으로 웨이브를 만들고 퍼머를 한 뒤 다시 펴서 굵은 웨이브를 만듦)와 전쟁으로 전기 공급이 원활하지 않아 불 퍼머(숯불 퍼머)가 행해졌다. 8.15해방 이후 옥시풀을 발라 머리카락을 노랗게 만들기도 하였고 세미 커트 시대로서 머리를 작게 손질하는데 주안점을 두었다.

1940년대 후반에는 헤어스타일이 더욱 부드러워지고 손질하기 쉬웠으며 모발 길이는 더욱 짧아지면서 화장의 강조점이 눈으로 바뀌었다. 1948년 헤어스타일은 모발의 아랫부분에만 웨이브가 있는 세미업 스타일로써 아이론으로 둥글게 말아 올리는 이른바 '지라시' 스타일 유행하였다.

1950년대 당시의 한국의 헤어스타일은 서구의 유행 스타일이 많이 들어와 서구에서 유행하는 스타일이 한국에서도 유행하였다.

4 1960~1970년대

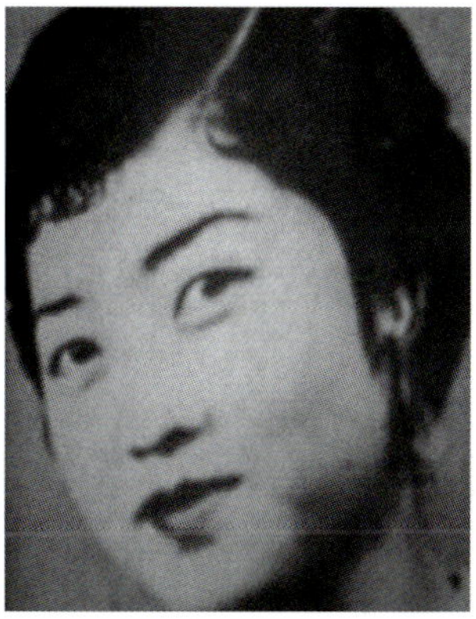

한국에서 1960년대는 경제개발 5개년 계획 중 1, 2차 경제개발(1962~1971) 시기였다. 이 시기의 경제성장률은 7.8%로 목표를 상회하였으며, 1인당 국민총생산(GNP)은 83달러에서 125달러로 증가되었다. 1966년엔 짧은 쇼트 커트 머리에 미니스커트를 입은 윤복희가 귀국하면서 본격적으로 쇼트 커트와 미니스커트 붐이 일어났다.

1970년대에 이후에는 경제 성장에 힘입어 TV 등 전파 매체의 발달 등으로 많은 사람들이 개성을 추구하기 시작하였다. 다양한 퍼머넌트 기법의 보급과 커트 기술의 향상, 각종 미용기구의 도입으로 소비자의 다양한 욕구를 충족시켜 주었다. 또한 우리나라 미용 전문가들이 해외의 미용 세미나에 참석하기 시작한 시기이기도 하다. 그 동안 커트의 개념이 긴 머리를 자른다는 것에서 모발의 각도에 의해 기하학적으로 자른다는 개념으로 완전히 바뀐 시대이다.

5 1980~1990년대

① 1980년대 당시의 시대상은 다소 모순된 모습을 보이는데, 경제적으로는 1970년대의 성장기반을 발판으로 고도성장을 이뤄내는 시기인 반면에 정치적으로는 군사 정치의 폐해로 민주주의가 무참히 짓밟히는 양상을 보였다. 문화는 이러한 정치적 현실을 반영하여 선동적인 록음악과 서구적인 스타일의 대중가요가 유행하는 시기였다.

1980년대 우리나라는 '단군 이래 최대의 호황' 이라는 3저 호황 시기(저유가, 저금리, 저달러 이 세 가지가 한꺼번에 이루어졌던 시기)를 맞이하였는데, 일단 저유가는 원유 가격이 낮아서 기업이 제품을 만드는데 들어가는 비용을 최소화할 수 있어서 가격 경쟁력이 강화되어서 수출에 아주 유리한 입장을 차지할 수 있었다. 저금리는 세계 각국의 정부가 1970년대 말 석유 파동 이후 침체에 빠진 경기 부양을 위해 실시한 정책으로, 금리가 낮으면 돈을 빌리는 데 들어가는 이자 비용이 낮아지는 만큼 기업들이 돈을 끌어다 쓰기가 수월해지게 된다. 따라서 기업이 투자와 생산에 더 적극적으로 나설 수 있게 된다. 또 국제금리가 낮아지면, 외국에 빌린 채무에 대한 이자 부담도 줄어들어 경상수지 호전에도 영향을 미친다. 저달러는 80년대 미국의 대일 무역적자가 심해지자, 미·일 간의 합의(플라자합의)를 통해 달러화의 가치를 떨어뜨리고 엔화의 가치를 올림으로써 그 해결방안을 내놓았는데, 이것이 우리나라 입장에서는 경쟁 수출국인 일본의 엔화 상승으로 상대적으로 가격 경쟁력이 생겨 수출에 호황을 맞이하게 된다.

② 사회 정치적으로는 5.18 광주 민주화 운동(1980년)을 들 수 있다. 광주 시민들의 계엄령 철폐 및 전두환의 퇴진 등을 요구했던 민주화 운동으로서 학생들의 주도와 함께 시민들의 참여로 말 그대로 '민주화' 를 위한 운동이었다. 이 사건을 계기로 한국의 사회운동이 1970년대 지식인 중심에서 민중운동으로의 변화를 가져왔고 국민들의 의식 변화로 민족 해방, 사회주의 등이 본격적으로 거론되는 기점이 되었다.

③ 6.29 민주화 선언(1987년)

당시 대통령 선출은 지금처럼 국민이 선출하는 직선 방식이 아니라 국민의 대표성과는 거리가 먼 간접 선출 방식이었다. 즉, 투표결과를 조작해서 대통령을 만들 수 있었다는 것이다. 이 6.29 선언으로 당시 대통령 선거가 국민들의 손에 의해 치뤄지게 되었고 결국 민주화를 갈망하던 국민들의 표는 이들에게 각각 분산되게 되고, 이 덕분에 노태우 후보가 가장 많은 표를 얻어 대통령에 당선되게 되었다. 이후로 우리나라 대통령 선거는 계속해서 직선제로 치뤄지고 있다.

④ 88올림픽

서울시의 올림픽 준비는 국제올림픽위원회 총회에서 개최 도시로 서울이 확정되면서 본격화되었다. '화합과 전진' 을 슬로건으로 하여 1988년 9월 17일 제24회 서울올림픽대회가 160개 국 13,304명의 젊은이들이 참가한 가운데 개막되어 우정 어린 명승부와 역경을 극복한 승리의 드라마를 연출하였다. 이로 인해 한국을 세계로 알리게 되는 중요한 계기가 되었고, 헤어스타일도 국제화되어 다양한 스타일이 창조되었다. 1980년대 헤어스타일은 대표적으로 블런트 커트를 들 수 있으며 블로우 드라이가 본격적으로 시술된 시기이다. 1980년대 초부터는 이전에 유행했던 블런트 커트 스타일에 층을 만들고 모발 안쪽에 숱을 쳐내는 스타일이 등장하였다. 1980년대의 헤어 디자인은 다른 어떤 시기보다 심오하고 실험성이 돋보였다. 또한 이 시기는 가장 다양한 컨셉트이 나왔던 시기라고도 말할 수 있다. 1980년대는 컬과 볼륨을 강조하는 스타일이 유행하여 남성들도 컬과 볼륨을 살린 스타일에 도전하게 되어 미용실에서 퍼머넌트를 하는 경우가 많아졌다. 특히 앞머리를 부풀게 해 늘어뜨리는 것이 유행이었다. 록 뮤직의 영향으로 아주 긴 머리를 시도하는 사람도 생겼고, 헤어 스프레이, 무스, 젤 등 헤어 스타일링 제품을 본격적으로 사용하게 되었다. 1990년대는 복고풍과 함께 지난 모든 시대 스타일의 재등장 및 재창조가 시작됐다. 획일적인 유행에 따르기보다는 개성을 중시하는 스타일링이 각광받았으며, 국내에서는 처음으로 총천연색 염색이 보편화됐다. 남성들을 위한 헤어 살롱이 본격적으로 문을 열고 남성들이 헤어스타일에도 많은 관심을 쏟기 시작했다.

6 2000년대 이후

21세기는 대중매체의 발달과 인터넷의 보급 등으로 동서양의 구분이 거의 없으며, 또한 고객의 다양화와 개성을 중요시하면서 다양한 스타일이 서양의 경우와 마찬가지로 공존하고 있는 양상을 보여주고 있다 인터넷의 보급으로 전 세계의 문화권이 하나로 묶여지면서 기존의 시공간 개념을 바꾸어 놓았으며 유행의 흐름도 빠르게 진행되고 있다. 절대 섞이지 못할 것 같은 상반된 트렌드가 동시다발적으로 주류를 자처하며 등장하면서 소비자 취향의 다양화와 개성의 중시 문화는 패션의 멀티화를 불러왔다고 볼 수 있으며, 자신만의 이미지와 개성을 중요시하면서 헤어 컬러링으로 스타일에 다양한 변화를 주게 되면서 헤어 클리닉에 대한 관심도 고조되었다. 특징적인 것은 헤어 패션의 하나로 자리 잡은 헤어 컬러링이 전체를 밝은 색으로 하거나 여러 가지 염색을 하기도 하며 헤어, 메이크업, 의상 등 전체적인 색상 조화의 아름다움을 즐기는 토탈 코디네이션의 개념으로 발달하였다.

2000년대는 커트와 퍼머넌트의 전성시대로써 커트의 비율과 질감, 색상을 자유자재로 결정하는 개성 강한 스타일이 유행하기 시작했고 국내에는 일본에서 들어온 샤기 커트가 연예인부터 일반인에게까지 널리 퍼졌다. 커트와 펌의 종류는 더욱 다양해졌고 한 스타일 내에서도 여러 가지 기술을 구사하여 다양한 스타일이 등장하게 되었다. 각종 흑인 헤어스타일도 일반인에게 널리 퍼져서 드레드, 아프로 펌 등을 어렵지 않게 발견할 수 있게 되었다. 보다 적극적으로 아름다움을 추구하는 '메트로 섹슈얼리즘' 의 영향으로 남성적 스타일에만 국한되지 않고 어떤 미적 요소라도 적극적으로 차용하는 경향이 계속 되고 있다. 또한 미용기구의 발달로 열 펌이 유행하여 굵은 웨이브가 3~4개월씩 지속될 수 있는 스타일이 일반인들에게도 자리잡게 되었다.

5) 와인딩 기법

(1) 크로키롤식(Croquignole winding method)

일반적으로 행하는 방법으로 모발 끝부터 와인딩하여 모근까지 올라가면서 와인딩하는 기법으로 긴 모발, 짧은 모발에 자유롭게 행할 수 있다. 1925년 독일의 죠셉 메이어가 크로키놀식(croquignole)에 의한 히트 퍼머넌트 웨이빙을 고안하였다.

(2) 스파이럴식(Spiral winding method)

모근부터 모발 끝 부분으로 와인딩하는 기법과 모발 끝에서 모근으로 와인딩하는 기법의 나선형의 꼬임이 있으며, 대체로 긴 머리에 행하는 기법이다. 1905년 영국의 찰스 네슬러에 의해 창안하여 스파이럴식(나선형) 웨이브를 고안하였다.

2. Permanent wave의 원리

1) Permanent wave의 화학적 반응

퍼머넌트 웨이브제로 제1제인 환원제와 제2제인 산화제로 나누어 설명할 수 있는데, 그 원리는 다음과 같다.

(1) 제1제의 환원작용

퍼머넌트 웨이브제의 제1제는 주로 티오글리콜산과 시스테인을 주성분으로 하는 알카리제로 모발을 팽윤하고 연화시키며, 환원제 성분 중 수소(H)가 모발에 작용하여 시스틴 결합을 절단시키는 작용을 한다. 즉, ㅣ-S-S-ㅣ 사이에 수소가 들어가 시스틴 결합이 각각의 시스테인인 ㅣ-SH HS-ㅣ 식으로 간단하게 끊어지는 환원작용을 하게 된다.

로드에 와인딩된 모발은 연화되어 로드의 크기와 형태에 의하여 팽창되는데, 와인딩된 모발은 로드의 안쪽보다 바깥쪽이 더 많이 팽창되게 된다(물리적인 원리).

프로세싱 타임 동안에 환원제에 의해 모발의 측쇄 결합인 시스틴 결합이 절단되고, 부드러워진 절단된 2개의 시스테인은 로드의 크기와 형태로 쉽게 변화되는 것이다(화학적인 원리).

| -S -S - | + $2HSCH_2COOH$ → | -SH HS- | + S - CH_2COOH
시스틴 결합 티오글리콜산 시스테인 |
S - CH_2COOH ················ 〈환원작용〉
디티오글리콜산

(2) 제2제의 산화작용

퍼머넌트 웨이브제의 제2제는 주로 브롬산나트륨과 과산화수소를 주성분으로 하는 산화제로 환원제에 의해 절단됐던 시스틴 결합을 재결합시키기는 작용을 한다. 산화제 성분 중 산소(O)가 절단된 시스테인 |-SH HS-|의 수소와 결합하기 때문에 다시 시스틴 결합 |-S-S-|이 된다.

시스틴결합이 절단되어 로드에 와인딩된 모발은 산화제에 의해 재결합되면서 로드의 크기와 형태로 고정되어 퍼머넌트 웨이브가 형성하게 된다. 끊어졌던 시스틴 결합이 다시 연결되기 때문에 모발은 처음의 탄력이 회복되는 것이다.

이와 같이 산소를 부여하는 반응, 혹은 수소를 빼앗는 반응을 산화라고 한다.

| -SH HS- | + O → | -S -S | + H_2O ················ 〈산화작용〉
시스테인 시스틴

위 ①, ②의 식을 간략히 하면

| -S -S | $\underset{+O(산화)}{\overset{+2H(환원)}{\rightleftarrows}}$ | -SH HS- | ················ 〈환원 · 산화작용〉
시스틴 시스테인

3. Permanent wave제의 분류

1) permanent wave 제1제의 종류

(1) thioglycollic acid 또는 그 염류를 주성분으로 하는 cold 2욕식 cold permanent wave제

현재 사용되고 있는 대부분의 cold permanent제로 주성분으로는 알칼리성 perm 용제의 경우에는 일반적으로 thioglycollic acid 암모니아가 가장 많이 이용되고 있다. 냄새가 적은 무취 type의 약제에서는 thioglycollic acid 모노 에탄올아민이 사용되는 경우가 많고, 산성 permanent제의 경우에는 제1제의 pH는 4.0~6.5 정도의 약산성이며, pH의 조정에서는 thioglycollic acid에서 암모니아나 모노 에탄올아민 등의 적당한 알칼리제를 첨가해 가는 방법과 thioglycollic 암모늄이나 thioglycollic 모노 에탄놀아민에 구연산 등의 유기산을 첨가시키는 방법 등이 있다.

알칼리제로서는 암모니아, 수산화나트륨, 모노 에탄올아민, 트리 에탄올아민 등이 사용된다. 제1제의 강함을 주고자 할 때는 thioglycollic acid로 환원하는 경우 티오글리콜산 농도, 알칼리제, pH로 조정시킬 수 있다.

1 암모니아계의 알칼리성 permanent wave제

알칼리제로서 암모니아를 사용하는 제1제로 모발을 팽윤시키는 작용이 있고, thioglycollic acid 양이나 비율을 조절하여 폭넓은 wave를 얻을 수 있다. 이 퍼머넌트 웨이브제의 장점은 시술 중 암모니아가 휘발하여 퍼머넌트 웨이브제의 pH가 낮아져 모발에 과잉 작용을 방지하며, 고객의 두피나 시술자의 피부에 알칼리제의 잔류가 적어져 피부 자극이 약하다. 단점으로서는 암모니아 특유의 자극적인 냄새가 난다.

2 아민계의 알칼리성 permanent wave제

아민계의 알칼리제로서는 모노 에탄올아민이 가장 많이 사용되며, 저 pH wave제라 불린다. 장점으로는 비휘발성 알칼리로 자극적인 냄새가 없으며, 단점으로는 암모니아와 비교해 모발에 대한 친화성과 잔류성이 높아 과잉 작용의 우려가 있어 시술 후 충분히 씻어내는 등 주의가 필요하다. 모노 에탄올아민의 장점을 이용하여 암모니아 같은 다른 알칼리와 결합시킨 제품을 만들 수 있다.

3 암모늄염계의 약알칼리성 permanent wave제

암모늄염의 종류로서는 탄산수소암모늄(중탄산암모늄) 또는 인산수소암모늄으로 불린다.

장점으로는 약알칼리제로 과잉 작용의 우려가 없고, 강한 자극적인 냄새가 없으며, 피부 자극이 비교적 적다. 단점으로는 모발의 팽윤도가 적어 강한 wave나 경모, curl이 잘 형성되지 않는 모발에는 물리적인 힘을 이용한 가는 rod의 사용, 작은 섹션, tension에 세심한 주의를 기울여야 한다.

4 산성 permanent wave제

산성 퍼머넌트 웨이브제는 알칼리제가 pH 4.5~5.5로서 전기적으로 중성의 영역에 있기 때문에 모발은 거의 팽윤하지 않으며, 일반적으로 pH 5.0~6.5 전후의 제품이 많다.

장점으로는 모발이 가장 안정한 상태에 있으며, 단점으로는 wave 형성력이 매우 약하므로 가는 rod 사용과, 얇은 slice, tension에 주의를 기울려야만 확실한 wave를 얻을 수 있다.

그 밖에 팽윤제, 침투제, 계면활성제, 라놀린, 콜레스테아린 등의 양모제, 스쿠알렌, 유지제, 색소, 향료 등을 첨가할 수 있다.

(2) cysteine을 주성분으로 하는 cold 2욕식 permanent wave제

알칼리제는 모노 에타놀아민이나 트리 에탄올아민 같은 유기 아민이 사용되며, 모발 중에는 보통 cystine으로서 존재한다. 환원력은 thioglycollic acid계 약제보다 약해 wave 효과는 20~30% 정도 감소된다.

cysteine 퍼머넌트 웨이브제의 장점은 자극적 냄새가 적으며, 모발의 팽윤도가 적어 손상도가 적으며, 시술 후 감촉이 부드럽다. 단점으로는 wave 형성력이 약하고, 화학약품의 구조가 불안정하며 가격이 비싸다. 농도는 3.0~7.5%이며, pH는 8.0~9.5로 범위가 매우 좁은 것이 특징이다.

pH는 변화시키기 힘드므로 pH를 높이기 위해서는 알칼리제를 추가하여야 하며, 알칼리제는 12ml 이하로 기존의 퍼머넌트 웨이브제 가운데서 가장 높은 수치로 가온 2욕식은 인정될 수 없다. wave 효과가 약한 것을 보완하기 위해서는 cysteine 농도, pH, 알칼리를 높게 설정할 필요가 있다. cysteine permanent wave제인 제2제에서는 취소산염을 주성분으로서만 사용될 뿐 H_2O_2 제2제는 사용할 수 없다.

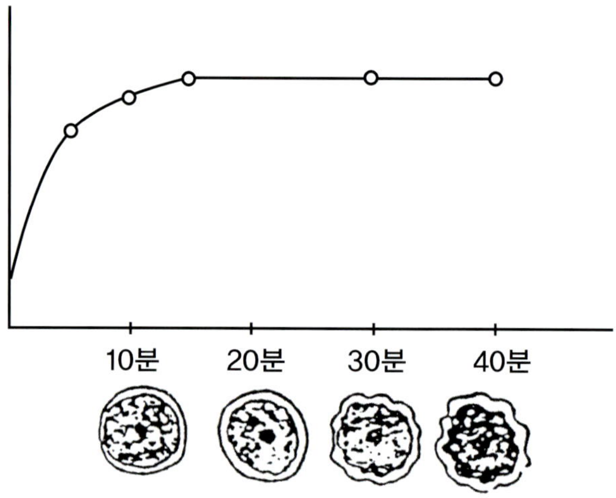

시간이 흐를수록 모발의 표면에 주름이 생긴다

| 제1제 도포에 의한 모발의 환원도 |

(3) thioglycollic acid 또는 그 염류를 주성분으로 하는 가온 2욕식 permanent wave제

제1제를 모발에 도포, winding하고 나서 전체에 cap을 씌운 후 steamer나 적외선 등의 가온 방식이나 플라스틱제나 경질 고무제인 clip을 가열한 후, rod에 모발을 winding하여 가온하는 방식과 iron에 의한 방식에서도 사용되는 permanent wave제이다.

특징으로 thioglycollic acid 농도, pH, 알칼리제가 cold 2욕식과 비교해서 낮게 설정되어 있다. 이는 열로 의한 wave의 지나친 형성이나 안전사고를 방지하기 위한 처방이다.

모발에서 작용할 때의 온도는 60° 이하로 규정되어 있다.

(4) thioglycollic acid 또는 그 염류를 주성분으로 하는 cold 1욕식 permanent wave제

이 퍼머넌트 웨이브제는 환원된 cysteine이 공기 중의 산소로 서서히 산화하는 것으로 제2제를 사용하지 않는 것이 특징이다. thioglycollic acid 농도가 높으면 산화가 불충분해지므로 3.0~3.3% 라는 낮은 농도로서 설정되어 있다. pH는 9.4~9.6로, 알칼리제도 3.5~4.6㎖로 한정되어 있다.

일반적으로 wave 효과가 약하므로 가는 rod를 사용하여야 하며 시간이 오래 걸리는 것이 단점이다.

(5) thioglycollic acid 또는 그 염류를 주성분으로 하는 가온 2욕식 축모 교정제permanent wave제

흑인에게 사용된 축모 교정제는 hair straight 또는 hair relax라고도 한다. 이 퍼머넌트 웨이브제는 thioglycollic acid계에 소맥분을 배합하여 점도가 높은 것이 특징이다.

2) permanent wave 제2제의 종류

제2제의 주성분으로는 브롬산나트륨, 브롬산칼륨 및 H_2O_2를 사용한다. 구미에서 80~90%가 H_2O_2를 사용하고 나머지의 10~20%가 브롬산염류를 사용하며 아시아권에서는 대부분 브롬산염류가 사용된다. 이는 H_2O_2로 인한 탈색을 방지하기 위함이다.

(1) 브롬산염류에 의한 제2제

브롬산나트륨을 주성분으로 하는 액상인 것이 대부분이고, 브롬산칼륨과 같은 분말상이 있다. 브롬산나트륨이 브롬산칼륨보다 5배나 용해도가 높아 제2제의 처리 시간이 짧다는 장점이 있다.

현재 시판중인 액상의 제2제에는 5~20% 정도의 브롬산나트륨이 포함되어 있다. 사용할 때 원액인 채로 할 수 없으며, 3~5배 정도의 물로 희석해 사용한다. 사용되는 농도는 5~6%로 되어 있는 것이 많다. 제2제의 pH는 기준에 의하면 1인 1회분의 양을 물 또는 미온수 200㎖에 녹여서 25℃에서 측정했을 때에 pH 4.0~9.0의 범위에 들어가야만 한다. 브롬산염의 경우에는 산성 측에서 안정한 상태를 유지하는 것이 어려우므로 시판되는 액상 타입으로서 제2제의 pH는 5.0~7.5 정도이다.

(2) 과산화수소에 의한 제2제

과산화수소를 주성분으로한 제2제는 산성 측에서 안정하고, 알칼리 측에서는 매우 불안정하므로 pH는 2.5~4.5로 낮게 설정되어 있다. 브롬산염에 비해 화학적으로 불안정하고 햇빛이나 미량의 중금속에 쉽게 분해되기 때문에 주의하여야 한다.

제1제에 의한 모발 팽윤은 pH에 민감하여 전처리의 차이에 따른 제2제의 pH의 차이로 모발 팽윤, 산화 속도, 모발에서의 작용 등에 영향을 준다. 따라서 일정한 pH를 유지하기 위해 침투제, 유화제, 습윤제, 색소, 향료 등을 첨가한다. 최근에는 pH의 완충작용을 돕는 박하향의 제2제로 pH를 일정하게 유지하도록 되어 있다.

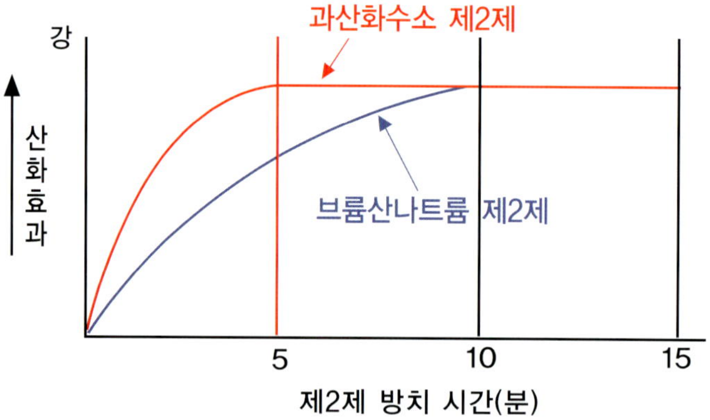

| 방치 시간에 따른 과산화수소와 브롬산나트륨의 산화 효과 |

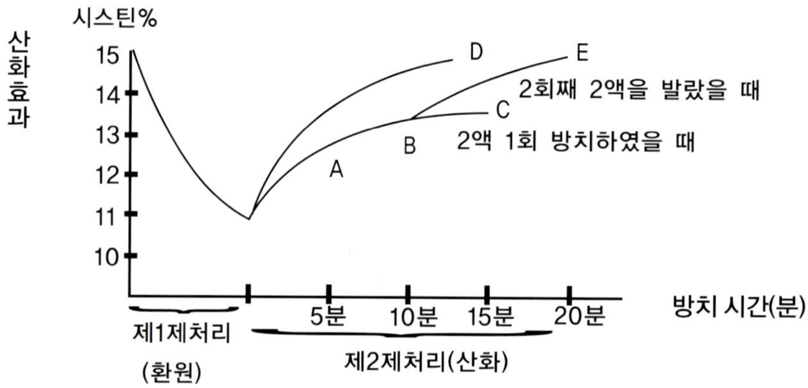

| 횟수에 따른 제2제 산화 효과 |

| 퍼머넌트 웨이브제의 기준 |

<table>
<tr><th colspan="2" rowspan="3">규격치
분 류</th><th colspan="3">제1제</th><th colspan="5">제2제</th><th rowspan="3">제1제
제2제
사용 시
온도조건</th></tr>
<tr><th rowspan="2">pH
(25℃)</th><th rowspan="2">알칼리도(㎖)
(0.1N염산의
소비량)</th><th rowspan="2">환원 후의
환원성물(%)
(티오글리콜산
농도)</th><th colspan="2">주제가 브롬산
나트륨・칼륨,
과붕산나트륨
인 제2제</th><th colspan="3">주제가 과산화수소인
제2제</th></tr>
<tr><th>산화력</th><th>pH</th><th>산화력</th><th>pH</th><th>과산화수소농도(%)</th></tr>
<tr><td colspan="2">1. 티오글리콜산 또는 그 염류가 주성분인 콜드2욕법 퍼머제</td><td>4.5~
9.6</td><td>7㎖ 이하</td><td>2.0~7.0%</td><td>3.5
이상</td><td>(25℃)
4.5~
9.0</td><td>(25℃)
0.8~
3.0</td><td>2.5~
4.5</td><td>2.5(%)
이하</td><td>실온
(1~30도)</td></tr>
<tr><td colspan="2">2. 시스테인이 주성분인 콜드2욕법 퍼머제</td><td>8.0~
9.5</td><td>12㎖ 이하
비휘발성
알칼리무함유</td><td>시스틴 농도
3.0~7.5%</td><td>3.5
이상</td><td>4.5~
9.0</td><td></td><td></td><td></td><td>실온
(1~30도)</td></tr>
<tr><td colspan="2">3. 티오글리콜산 또는 그 염류가 주성분인 가온2욕법 퍼머제</td><td>4.5~
9.3</td><td>5㎖ 이하</td><td>1.0~5.0%</td><td>3.5
이상</td><td>4.0~
9.0</td><td>0.8~
3.0</td><td>2.5~
4.5</td><td>2.5(%)
이하</td><td>60도
이하</td></tr>
<tr><td colspan="2">4. 티오글리콜산 또는 그 염류가 주성분인 콜드1욕법 퍼머제</td><td>9.4~
9.6</td><td>3.5~4.6㎖</td><td>3.0~3.3%</td><td colspan="5"></td><td>실온
(1~30도)</td></tr>
<tr><td rowspan="3">5. 티오글리콜산 또는 그염류가 주성분인 제1제 사용시 조제발열 2욕법 퍼머제</td><td>제1제의(1)</td><td>9.4~
9.6</td><td>10㎖ 이하</td><td>8~19%</td><td rowspan="3" colspan="2"></td><td rowspan="3">0.8
~
3.0</td><td rowspan="3">2.5
~
4.5</td><td rowspan="3">2.5(%)
이하</td><td rowspan="3">제1제
온도상승
(14~20도)
제2제
실온
(1~30도)</td></tr>
<tr><td>제1제의(2)</td><td>2.8~
3.8</td><td colspan="2">과산화수소 농도
2.7~3.0%</td></tr>
<tr><td>제1제의
(1)과 (2)
의혼합액</td><td>4.5~
9.4</td><td>7㎖ 이하</td><td>2~11%</td></tr>
<tr><td colspan="2" rowspan="2">6. 티오글리콜산 또는 그 염류가 주성분인 콜드2욕법 축모교정제</td><td rowspan="2">4.5~
9.6</td><td>7㎖ 이하</td><td>2.0~7.0%</td><td rowspan="2">3.5
이상</td><td rowspan="2">4.0~
9.0</td><td rowspan="2" colspan="3"></td><td rowspan="2">실온
(1~30도)</td></tr>
<tr><td colspan="2">점도 40,000CPS 이하</td></tr>
<tr><td colspan="2" rowspan="2">7. 티오글리콜산 또는 그 염류가 주성분인 가온 2 욕법 축모교정제</td><td rowspan="2">4.5~
9.3</td><td>5㎖ 이하</td><td>1.0~5.0%</td><td rowspan="2">3.5
이상</td><td rowspan="2">4.0~
9.0</td><td rowspan="2" colspan="3"></td><td rowspan="2">60도
이하</td></tr>
<tr><td colspan="2">점도 40,000CPS 이하</td></tr>
</table>

4. Permanent wave의 종류

1) 히트 퍼머넌트 웨이브

1 머신 웨이브(machine wave)

콜드 웨이브가 보급되기 전에 전기열이나 증기열을 이용한 퍼머넌트 웨이브이다.

2 프리히트 웨이브(free heat wave, wire less wave)

전열을 사용하지 않고 특수한 금속 히팅 클립을 사용한 퍼머넌트 웨이브이다.

3 머신리스 웨이브(machine less wave, chemical permanent wave)

특수 약품의 화학 반응에 의한 발열작용을 이용한 퍼머넌트 웨이브이다.

2) 콜드 퍼머넌트 웨이브

가열 대신 알칼리성 환원제의 환원작용에 의해 시스틴 결합을 절단시킨 후 로드에 감아 산화제를 사용하여 웨이브를 형성시키는 방법이다. 과거의 높은 열에 의하지 않고 실온에서도 충분한 퍼머넌트 웨이브를 얻을 수 있다 하여 콜드 웨이브라고 한다.

(1) 1욕법(one step wave)

한 가지 종류의 용액을 사용하여 퍼머넌트 웨이브를 얻는 방법으로 주로 티오글리콜산 암모늄을 주원료인 환원제를 사용한다. 이것은 환원제 속에 망간(Mn), 구리(Cu), 철(Fe)과 같은 금속염류가 포함되어 있어 환원작용을 행하게 한 후 자연적으로 산화작용을 하는 용법이다. 즉, 티오글리콜산 암모늄이 시스틴 결합을 절단하는 환원작용과 환원된 모발에 산화제를 도포하지 않고 공기 중에서 다시 시스틴으로의 재결합이 되는 방법으로 산화작용이 이루어진다. 즉, 환원제만을 사용하여 자연 산화하는 방법으로 프로세싱 타임이 8~10시간으로 오래 걸리고 웨이브의 형성력도 낮기 때문에 원하는 웨이브를 형성시키는 로드보다 좀 더 가늘고 얇은 rod를 사용하여야 하며 웨이브의 효율을 높이기 위하여 열기구 등을 이용해야 한다.

pH는 9.4~9.6, 알칼리는 3.5~4.6㎖, 환원제 농도는 3.0~3.3%로서 낮게 설정되어 있는데 농도가 높으면 산화가 충분히 이루어지지 않기 때문이다.

(2) 2욕법(two step wave)

가장 보편적으로 많이 사용되는 방법으로 제1제인 환원제와 제2제인 산화제를 사용하여 퍼머넌트 웨이브를 얻어내는 방법이다.

환원제는 모발에 작용하여 모발을 팽윤, 연화하여 시스틴 결합을 절단(환원)하며, 산화제는 환원제에 의해 절단된 시스틴 결합을 다시 연결하는 역할을 한다. 이는 환원되기 전의 결합이 아닌 모발의 구조와 배열이 틀려진 상태에서의 재결합을 의미하는 것으로 퍼머넌트 웨이브 과정 중에서 가장 중요한 역할을 한다.

(3) 3욕법(three step wave)

모발의 특성이나 상태에 따라 특수 활성제나 모발 보호제 등을 이용하는 방법이다. 주로 모발이 굵고 뻣뻣하여 웨이브의 형성이 어려운 모발이나, 얇거나 손상 정도가 심한 모발에 탄력 있는 웨이브를 주기 위해 사용되는 방법이다.

제1제는 와인딩하기 전에 도포하는 것으로 웨이브 형성이 어려운 굵고 뻣뻣한 모발인 저항성모난 발수성모를 부드럽게 연화시키는 역할로는 특수 활성제가 사용되며, 화학제품 등으로 인하여 모발 손상 정도가 심한 모발에 탄력 있는 웨이브를 목적으로 앰플 등의 모발 보호제가 사용된다.

제2제는 2욕법의 제1제와 같은 환원제로 모발의 팽윤과 연화작용을 하며, 시스틴 결합을 절단하는 작용을 한다.

제3제는 2욕법의 제2제와 같은 산화제로 시스틴을 재결합하는 작용을 한다.

5. Permanent wave제의 구성 성분

1) 제1제(환원제)의 구성 성분

(1) 환원제

모발의 화학 결합인 시스틴 결합을 끊어 모발을 부드럽게 연화, 팽윤시켜 준다.

1 티오글리콜산(thioglycolic acid) 또는 그 염류

티오글리콜산은 무색의 액체로 암모늄 특유의 냄새를 가지며 모발의 시스틴 결합을 환원시켜주는 작용을 한다. 티오글리콜산은 원래는 산성 물질로 산에는 환원력이 약하나 알칼리에서는 환원력이 강한 성질을 가지고 있다. 모발 케라틴의 화학구조가 알려지면서 고구르라는 학자에 의해 처음으로 티오글리콜산과 케라틴의 화학반응을 발표하였고, McDonough 학자 등에 의해 티오글리콜산을 주원료로 한 콜드 웨이브 용액을 제조하였다. 1947년 미국의 FDA(식품의약품국)에 의해 보건위생상 무해하며 효과적인 웨이브를 얻는데 인증을 받게 되었다.

티오글리콜산이 주성분인 퍼머넌트 웨이브제의 농도는 95% 이상이며 암모니아나 모노에탄올아민 염은 5% 정도 사용한다.

공기 중에 쉽게 산화되므로 냉암소에 잘 보관하고 필요한 양 만큼만 용기에 덜어쓰고 남은 약은 빨리 사용하는 것이 좋다. 금속이나 공기 중에 노출된 퍼머넌트 웨이브제는 효과가 없어지므로 금속제의 기구와 용기는 사용하지 않도록 주의한다.

2 시스테인(Cystein)

모발이나 새의 털을 원료로 가수분해하여 시스틴을 환원한 후 수소를 첨가한 것이 시스테인 용제이다. 시스테인은 모발 속에 가장 많은 아미노산으로 모발의 중요한 성분인데, 이를 환원시켜 퍼머넌트 용제 제1제의 주성분으로 사용된다.

시스테인은 티오글리콜산보다 냄새가 비교적 덜하고 환원력이 약하여 모질에 따라 적절하게 물리적 · 화학적 특성을 이용하는 것이 효과적이다.

가수분해해서 얻어지는 양이 적어 가격이 비싸며, 쉽게 산화되는 등 장시간 공기 중에 닿으면 물에 녹기 어렵기 때문에 하얀 결정이 생기기 쉽다. 퍼머넌트 용제의 이러한 특성으로 퍼머넌트 와인딩의 시간이 짧으면 짧을수록 퍼머넌트의 완성도가 높고 프로세싱 시간이 빨라진다.

(2) 알칼리제

웨이브의 강약을 조정하는 성분이다.

1 유기 알칼리

유기 알칼리에는 에탄올아민이나 프로페놀아민이 사용된다. 에탄놀아민은 점성이 있는 액체이며, 프로페놀아민은 백색의 결절성 분말로 냄새가 거의 없다.

유기 아민은 불휘발성으로 모발이나 손가락 사이에 잔류되기 쉬우므로 충분히 헹구어 내는 것이 좋다.

2 무기 알칼리

무기 알칼리에는 휘발성의 암모니아, 탄산암모늄, 중탄산암모늄과 비휘발성의 수산화나트륨, 수산화칼륨, 탄산나트륨이 있다.

휘발성의 암모니아는 자극적인 냄새가 강하고 양의 조절에 의한 웨이브의 강약을 자유롭게 조절이 가능하며 폭넓게 사용된다.

비휘발성의 알카리제는 티오글리콜산염을 주성분으로 하는 퍼머넌트 웨이브제나 축모 교정제에는 티오글리콜산염의 대응량 이하로 제한되어 있으며, 시스테인 퍼머넌트 웨이브제에는 사용할 수 없게 되어 있다.

2) 제2제의 구성 성분

(1) 산화제

환원제에 의해 절단된 시스틴 결합을 다시 연결하여 주는 역할을 한다.

1 브롬산염

브롬산염은 백색의 결정성 무취의 분말로 브롬산나트륨, 브롬산칼륨이 있다. 브롬산나트륨염이 브롬산칼륨의 용해도보다 크기 때문에 주로 사용되며, pH는 6~7로 보존 중에 점차 낮아진다. 분말상의 브롬산염과 가연성의 것이 혼합되면 발화되어 화재의 위험이 있으며, 특히 제1제가 섞여 건조되면 발화되기 쉬우므로 보관상 주의가 절대 필요하다.

2 과붕산나트륨

백색 무취의 분말로 수용액은 알칼리성으로 산소를 방출하여 분해하기 때문에 장기 보존할 경우 분말 상태로 보존하여야 하며 현재 많이 사용되고 있지 않다.

3 과산화수소

과산화수소는 분해되어 물과 산소를 생성한다. 산화제로 쓰게 되면 산소가 환원된 모발의 산화의 역할을 하게 되고 나머지는 물만 남게 된다. 과산화수소는 산화제 이외에도 표백작용, 살균작용으로 표백제나 소독제로 쓰이고 있다.

과산화수소수 3%는 소독제로 사용되며, 염색과 탈색에 사용되는 산화제는 6~9%로 외국에서는 12%까지 사용되고 있다. 퍼머넌트 웨이브제 중 제2제로 사용되고 있는 과산화수소는 2.5% 이하로 산화력이 빠르고 모발의 웨이브 감촉이 부드럽게 된다.

(2) 첨가제

1 침투제(계면활성제)

계면활성제가 첨가되어 표면장력을 작게 하는 작용을 한다. 계면활성제가 물에 용해되어 친수기와 친유기를 나타내는데 이온에 따라 음이온 계면활성제, 비이온 계면활성제, 양이온 계면활성제, 양성 계면활성제로 분류한다.

① 음이온 계면활성제는 수용액 중에서 이온해리하여 음이온 부분이 계면활성을 나타내는 계면활성제로 아니온 계면활성제(anionic surfactants)라고 한다. 많은 제품에 존재하는 것은 카르복시산, 황산에스테르, 설폰산, 인산에스테르가 있으며 대표적인 것이 세정제로 쓰이는 고급 지방산 알카리염인 비누이다

② 비이온 계면활성제는 수용액에서 이온으로 해리하는 기를 가지고 있지 않는 계면활성제로서 −OH기를 갖고 있으며 비교적 친수성은 작지만 분자 내에 에스테르, 산아미드, 에테르 결합을 갖고 있다.

③ 양이온 계면활성제는 수용액 중에서 이온해리하여 양이온으로 되는 부분이 계면활성을 나타내는 활성제다. 보통 역성비누 또는 양성비누라고 하는 양이온 계면활성제의 소수기는 음이온 계면활성제와 같이 종류는 많으나 친수기로서는 조염하여 얻은 1~3차 아민을 함유하는 단순한 아민염과 4차 암모늄염이 대부분이며, 여기에 극히 소수인 포스포늄염, 설포늄염 등이 포함되어 있다. 침투제나 유화제, 정전기 방지제, 살균제, 유연제 등으로 사용된다.

④ 양성 계면활성제는 양이온성과 음이온성의 관능기를 하나 또는 그 이상 동시에 가지고 있는 계면활성제로 친수성기의 음이온 활성기에 의한 분류와 화합 구조에 의한 분류가 있다. 산성에서는 양이온성, 알칼리성에서는 음이온성의 계면활성제로 작용하며, 살균작용과 피부에 대한 자극이 약하며 샴푸제나 섬유 처리제에 사용되고 있다.

2 습윤제

피부나 모발에 적당한 수분함유를 위해 첨가하는 것으로 글리세린, 프로필렌글리콜, 피롤리돈카르본산 나트륨액 등이 있으며, 힘줄이나 가죽의 콜라겐을 가수분해한 젤라틴, 프로테인 등도 있다. 모발의 손상 부위에 잘 흡착하여 손상모의 회복이나 모발 보호를 위해 사용되고 있다.

3 유화제와 가용화제

물과 기름처럼 서로 혼합하지 않은 두 액을 안전한 에멀션(유탁액)으로 혼합한 것으로, 피부나 모발을 보호하기 위해 사용된다. 감촉을 부드럽게 하기 위하여 유지나 왁스 성분 등이 추가된다.

유화제로 사용되는 것은 계면활성제로 기름의 입자 표면에 친유기의 유성을 친수기에 접하는 상태의 배열로 기름의 입자가 집합하여 기름과 물이 분리되는 것을 방지한다. 즉, 서로 유화된 것을 에멀션(emulsion)이라 하며 유액이나 크림상이 되고, 미세한 입자가 섞이게 되면 투명한 용액상이 되는데 이를 가용화라 한다.

4 유성 성분

모발에 유분이나 영양분을 공급하거나 모발을 보호하기 위해 첨가하는 성분으로 동식물유, 왁스, 광물유, 면실유, 카카오유 등이 있다. 동식물유로는 올레인산, 스테아린산, 에탄올, 스테아린 알코올 등이 있으며 대부분 고급 지방산이나 고급 알코올, 에스테르이다. 광물유로는 유동파라핀, 바셀린, 파라핀, 세레신 등의 천연 탄화수소와 합성된 탄화수소 등이 있으며 물에 잘 녹지 않고 에테르 등의 유기 용매에 잘 녹는다.

5 착색제

모발 화장품에 사용할 수 있는 법정 색소로 햇빛, 열, 산, 알칼리, 산화제, 환원제 등의 약품에 약한 것이 많다. 특히 퍼머넌트 용제의 제1제나 제2제 등은 강한 환원제나 산화제를 포함하기 때문에 안정된 색소는 한정되며, 변색과 퇴색되는 색소가 많이 있다. 따라서 직사광선이 많거나 온도가 높은 곳에서는 변색 및 퇴색의 우려는 물론 소멸되기도 한다.

6 향료

식물의 꽃이나 잎을 이용하거나 동물에서 얻어지는 정유를 통해 천연의 향료를 얻을 수 있으며, 배합하여 사용하기도 한다. 산화제, 환원제, 열 등에 약하므로 두발 제품에 사용되는 것은 한정되어 있다.

7 기타

티오글리콜산, 시스테인, 과산화수소 등은 Fe, Cu 등의 미량의 금속이 약간만 들어 있어도 안정성에 문제가 생긴다. 따라서 이러한 금속을 결합시켜 에워싸는 금속 봉쇄제를 안정제로 첨가하여 사용한다. 금속 봉쇄제는 금속을 감싸 티오글리콜산, 시스테인, 과산화수소와 금속이 반응하지 않도록 하는데 에데도산염, 구연산, 린산 등이 있다. 피부의 염증을 막기 위해 함염증제를 첨가하기도 한다.

6. Permanent wave의 프로세스와 방법

1) Permanent wave의 시술 순서

1 모발 진단

문진, 시진, 촉진, 검진을 통하여 모발을 진단한다.

2 스타일 상담 및 결정

① 고객의 직업이나 개성에 따라 원하는 스타일을 존중하여 준다.

② 유행하는 트렌드나 취향에 따라 고객에게 어울리는 스타일을 권유하며 고객과의 충분한 상담을 통하여 헤어디자인을 결정한다.

③ 헤어스타일 책이나 카탈로그를 참고한다.

3 프레샴푸(Pre Shampoo)

① 자극적인 퍼머넌트 웨이브제를 사용하기 전에 샴푸제를 이용한 두피의 자극이 없는 모발의 유분이나 더러움을 제거하는 정도의 샴푸를 의미한다.

② 린스제를 사용하지 않고 순수 샴푸만 사용하여 퍼머넌트 웨이브제가 모발에 잘 흡수되도록 한다.

4 타월 드라이

샴푸 후 모발의 수분을 제거하여 준다.

5 프레커팅(Pre Cutting)

퍼머넌트 웨이브의 볼륨이나 헤어스타일을 위한 모발 길이를 조절하여 퍼머넌트 웨이브가 잘 어우러지도록 와인딩 전에 행하는 커트이다.

6 펌제의 선정

모발 진단이나 모발 상태에 따른 퍼머넌트 웨이브제를 결정하게 된다.

7 로드의 선정

헤어디자인이나 스타일과 모질, 모발의 손상 정도 웨이브에 따른 로드 크기를 결정한다.

8 전처리

9 블로킹(Blocking)

디자인에 따른 효과적인 블로킹 나누기

10 와인딩(Winding)

모발 상태에 따라 환원제 도포하고 모발은 엉키지 않도록 충분히 빗질하여 와인딩 하기

11 헤어밴드

퍼머넌트 웨이브제가 얼굴에 흘러내리는 것을 방지하기 위하여 타월이나 헤어밴드를 착용한다.

12 환원제 도포

13 비닐 캡 씌움

제1제를 도포한 후 비닐 캡을 씌워 일정한 온도를 유지하도록 하여 퍼머넌트 웨이브의 형성을 도와주는 작용을 한다.

14 방치 시간(Processing time)

모발 상태에 따라 모발 염화 시간을 결정하는 것으로, 원하는 curl에 따라 프로세싱 타임이 달라진다.

15 테스트 컬(Test Curl)

모발 웨이브의 탄력 정도를 알아보는 것으로, S자형의 상태로 모발이 연화되었는지 확인한다.

16 중간 린스

모발에 남아있는 환원제 잔여물을 미온수로 충분히 헹구어 물기를 완전히 제거한다.

17 산화제 도포

모발 길이나 상태에 따라 골고루 도포한다.

18 로드오프(Rod off)

로드는 아래에서부터 위로 올라가면서 제거해 준다.

19 린스(Rinse)

미온수로 충분히 헹구어내고 모발이 엉키지 않도록 린스제나 컨디셔닝을 도포하여 모발에 윤기와 탄력을 준다.

20 타월 드라이(Towel dry)

모발의 수분을 제거하여 준다.

21 애프터 커트(After cut) :

헤어스타일 유지에 따른 재커트를 통하여 퍼머넌트 웨이브 디자인을 완성한다.

22 스타일 완성

원하는 모양으로 스타일링 한다.

2) 프로세싱에 따른 모발의 변화

(1) 제1제에 의한 화학적 변화

제1제에 의한 화학적 변화는 용제에 의해 모발의 상태가 변화하는 것으로 모발의 팽윤, 연화 현상으로 나타난다. 즉, 단단하게 결합된 모발이 제1제의 알칼리에 의해 모발의 화학적 결합이 절단되면서 부풀려지는 팽윤과 더 작게 절단된 결합은 부드러워져 연화되었기 때문이다. 따라서 퍼머넌트와 같은 모발 모양의 변형을 유도할 수 있다.

(2) 시스틴 결합의 절단

화학제품 처리 전의 모발 시스틴 함유량을 측정하고 제1액 처리 후의 시스틴 함유량을 분석하면 그 감소량으로 알 수 있다. 티오글리콜산은 pH가 높으면 환원력이 강해지고, 농도가 높아도 환원력이 강해지지만 모발의 종류나 상태에 따라 환원 정도가 달라진다. 즉, 동일 조건의 온도와 시간에 노출시킨 동일한 퍼머넌트 웨이브제라 하더라도 퍼머넌트의 환원력이 빠르고 느림에 따라 퍼머넌트 웨이브의 시술 시간이 달라지게 된다. 또한 퍼머넌트 제1제 조건에 따라 웨이브 결과도 당연히 달라지게 된다. 퍼머넌트 웨이브제는 pH 9 이상부터 팽윤도가 커지고 pH 9.7 이상

절단된 시스틴 결합	절단되지 않은 시스틴 결합	모발 결과
30%	70%	이상적인 환원 상태로 원하는 모양의 퍼머넌트 웨이브 형태를 얻을 수 있다.
10%	90%	모발의 환원작용이 불충분한 경우로 원하는 모양의 퍼머넌트 웨이브를 얻을 수 없다. 원하는 웨이브를 얻고 싶다면 환원력을 높여야 한다.
50%	50%	환원작용이 과잉된 경우로 모발의 케라틴 구조에 손상을 초래한 경우로 모발의 탄력이 떨어지게 된다.

이 되면 급격히 증가하므로 일반적으로 pH 9.2~9.6의 퍼머넌트 웨이브제를 사용하는 것이 적당하며, pH 9.7 이상의 퍼머넌트 웨이브제는 용해의 위험이 있다. 퍼머넌트 웨이브의 가장 이상적인 환원력은 절단된 시스틴 결합이 30%이고 절단되지 않은 시스틴 결합이 70%인 경우로 원하는 퍼머넌트 웨이브를 얻을 수 있다.

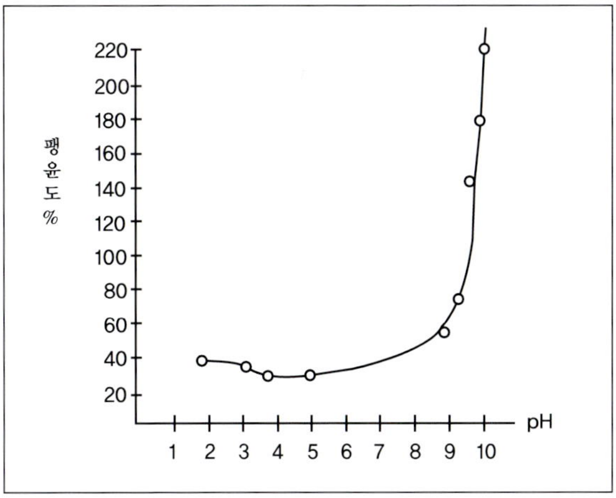

| pH와 팽윤도의 관계 |

| pH에 따른 팽윤도의 시간적 변화 |

TG%	pH	5분 후	10분 후	20분 후
6.0	8.03	24.37	28.3	32.3
6.0	8.48	29.8	39.2	43.5
6.0	9.03	40.5	77.5	88.1
6.0	9.20	48.0	101.7	126.1
6.0	9.4	72	111.8	142.5

| 약제 조건에 따른 웨이브의 결과 |

팽윤성	환원력	퍼머넌트 시간과 웨이브 결과
높음	강함	퍼머넌트 시간이 빠르고 웨이브 형성력 지속
높음	약함	퍼머넌트 시간은 빠르나 웨이브 형성력 약함
낮음	강함	퍼머넌트 시간은 더디나 웨이브 형성력 지속
낮음	약함	퍼머넌트 시간은 더디나 웨이브 형성력 약함

(3) 시스틴 결합의 절단 영역

모발의 시스틴결합이 끊어지는 곳은 주로 간충물질로 비결정 영역의 케라틴이다. 결정 영역은 분자 간격이 좁고 촘촘하며 가지런히 배열되어 있기 때문에 티오글리콜산 분자가 들어가기 힘들지만, 비결정 영역은 배열이 일정하지 않기 때문에 티오글리콜산 분자가 접근하기 쉽다. 따라서 퍼머넌트 웨이브의 형성 과정 중 티오글리콜산에 의한 환원이 일어나는 곳은 비교적 절단하기 쉬운 간충물질로 비결정 영역의 케라틴으로 모발의 구조를 부드럽고 쉽게 바꿀 수 있는 것이다.

(4) 디티오글리콜산

환원제인 티오글리콜산은 수소(H)에 의해 모발의 시스틴 결합(-S-S-)을 두 개의 시스테인(-SH HS-)으로 치환하는데 -SH의 H가 공기 중에 산화된 것을 디티오글리콜산이라 한다.

시스틴 결합에 수소(H)를 부여한 티오글리콜산은 2분자로 결합하여 디티오글리콜산으로 변하는데, 이 디티오글리콜산이 증가하면 티오글리콜산의 환원력은 저하되며 시스틴 결합을 환원하는 능력은 상실하게 된다. 즉, 공기 중에 산화되는 시간이 많을수록 티오글리콜산의 농도는 낮아지게 되고, 디티오글리콜산의 수치는 증가하게 되는데, 이는 바로 모발의 손상을 의미한다. 티오글리콜산과 디티오글리콜산의 비율이 1:1 정도가 되면 케라틴의 환원 반응은 일어나지 않게 된다. 환원제를 개봉한 후 공기 중에 노출시키게 되면 환원력이 낮아지게 되는데, 이는 티오글리콜산이 공기에 노출되어 디티오글리콜산이 증가하는 이유인 것이다.

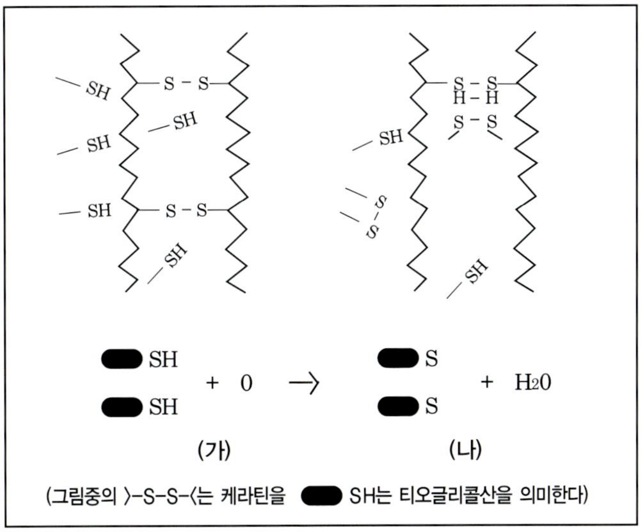

| 환원력의 디티오글리콜산 |

3) 퍼머넌트 시술 시 주의사항

(1) 전처리

원하는 퍼머넌트 웨이브를 얻기 위하여 모발 진단에 따른 모발의 사전 처리를 전처리라 한다. 버진 헤어, 저항성모, 염색이나 탈색 등의 손상모인 경우 퍼머넌트 웨이브 시술을 통하여 원하는 웨이브를 얻는 것이 쉽지가 않다. 프로세싱 전단계로 모발 상태에 따라 트리트먼트제를 도포하거나 화학적인 제품을 사용하여 사전 처리 단계는 모발 손상은 최소화하면서 효과적인 웨이브를 형성하게 된다.

1 버진 헤어·저항성 모발의 사전 처리 방법

버진 헤어·저항성 모발인 경우 모표피가 빽빽하게 밀착되어 있어 퍼머넌트 웨이브제의 침투가 쉽지 않으며 웨이브가 형성하기 어렵게 된다. 이런 경우 모발에 특수 활성제나 환원제를 도포하여 일정 시간 경과한 뒤 헹구어낸 후 모발 내로 환원제 흡수가 용이하도록 하는 것이다.

2 신생모와 기존 화학 처리 모발의 진단 차이에 따른 사전 처리 방법

기존의 화학제품의 처리 모에 신생모가 자라난 경우 모발의 상태를 균일하게 하는 것이 중요하다. 이런 경우 신생모에만 환원제를 도포하며, 극 손상모는 PPT와 같은 엠플을 도포하여 모발의 상태를 균일하게 만들어 모질의 밸런스를 일정하게 정리하여 준다.

(2) 비닐 캡을 씌우는 이유

비닐 캡을 씌우는 것은 제1제에 의한 공기 중의 산소와의 접촉을 최대한 차단하여 산화작용을 방지하고 환원제의 원활한 환원작용을 유지하도록 하는 것이다. 또한, 알칼리의 휘산작용을 방지하여 pH를 일정하게 유지시켜주며, 일정하고 균일한 온도를 유지하여 효과적인 퍼머넌트 웨이브를 얻기 위함이다. 비닐 캡 착용 시에는 퍼머넌트 웨이브제가 피부에 직접 닿아 피부염에 노출될 우려가 있으므로 헤어밴드 위에 비닐 캡의 고무단 부분이 위치하도록 씌워준다.

퍼머넌트 웨이브 시술 시 원하는 웨이브를 얻기 위한 과정에서 뷰티살롱에서 가장 주의해야 할 것은 온도의 차이이다. 퍼머넌트 웨이브제와 모발의 반응 온도가 높고 낮음에 따라 웨이브 형성력과 반응 시간에 큰 영향을 준다.

퍼머넌트 웨이브제의 온도는 연중 일정한 온도(15~25°C 정도)로 시술해야 하며, 겨울철에는 온도가 상당히 떨어지는 수가 있으므로 상온 정도까지 따뜻하게 가온해서 사용해야 한다. 환원제 시술 중 와인딩이 끝나고 퍼머넌트 웨이브제를 도포한 후에 비닐 캡을 씌운다. 이것은 화학반응에 영향을 주며 퍼머넌트 웨이브 형성에도 중요한 영향을 준다.

① 알칼리의 산화를 방지하며 pH를 일정하게 유지하도록 한다.
② 공기와의 접촉을 최대한 차단해 제1제의 공기 산화를 방지한다.
③ 체온이 떨어지는 것을 방지하며, 반응 온도가 상승하는 것을 미리 방지하는 작용을 한다.
④ 비닐 캡을 씌우는 시간, 즉 제1제 도포 후에 와인딩 시간과 비닐 캡을 씌우기까지의 시간이 빠르면 빠른 만큼 모발의 환원작용은 원활하게 되어 프로세싱 타임을 단축시켜 준다. 그러므로 와인딩 후 제1제를 도포한 후에는 재빨리 비닐 캡을 씌우는 것이 중요하다.

(3) 방치 시간(Processing time)

탄력 있고 균일한 웨이브를 얻기 위해서는 환원제의 모발 연화 프로세싱 타임 중요하다. 와인딩이 끝나고 모발에 환원제를 도포한 순간부터 모발의 성질과 상태, 사용된 환원제의 종류, 로드의 선정, 실내온도, 두피의 온도에 따라 방치 시간을 달리해야 한다. 방치 시간은 촉진기(가온기)를 사용한 시간과 자연 방치 시간을 모두 합한 것을 의미한다. 모발마다 웨이브의 완성 시간에 따른 차이가 크므로 모발에 상관없이 웨이브의 완성 시간을 일정하게 만들어주기 위해 가열기 등의 촉진기를 사용한다. 일정한 실내온도에서의 시술 및 모발 연화 프로세싱 타임 중요하며 촉진기 사용은 장시간 지속적으로 사용하는 것은 두피나 모발에 심한 자극을 초래할 수 있으므로 자제하는 것이 좋다.

와인딩 시의 실내외의 온도와 체온의 상태, 퍼머넌트 웨이브제의 적용, 열처리의 여부에 따라 다르지만 일반적으로 약 20~40분 이내에 테스트 컬을 하는 것이 바람직하다.

오버 프로세싱(over processing)은 작용 시간을 과잉 처리한 것으로 모발을 건조하게 하며 심한 손상을 야기시킬 수 있다. 언더 프로세싱(under processing)은 작용 시간이 너무 짧아 퍼머넌트 웨이브 컬이 약하고 탄력이 없으며 실내 온도와 비닐 캡 내의 온도에 주의하여 방치 시간을 조절한다.

① 모발의 굵기나 손상 정도, 모발 상태, 환원제의 종류, 환경 조건(설정온도)에 따라 방치 시간은 달라질 수 있다. 손상모일수록 방치 시간은 짧으며, 저항성 모발이거나 버진 헤어인 경우 방치 시간은 길어질 수 있다.

② 컬이 잘 형성되지 않는 경우에는 프로세싱 타임을 줄이기 위하여 히팅 캡, 스티머, 적외선 등 적절한 열기구를 사용하여 보다 빠르고 효과적인 퍼머넌트 웨이브를 얻는 것이 좋다.

- 오버 프로세싱(over processing) : 적절한 웨이브가 나오는 방치 시간 이상으로 길게 프로세싱을 한 경우로 웨이브가 강하고 모발이 거칠어지며 모발의 손상을 초래한다.
- 언더 프로세싱(under processing) : 적절한 웨이브가 나오는 방치 시간 이하로 짧게 설정하여 프로세싱을 한 경우로 모발의 웨이브가 탄력이 없으며 쉽게 풀어지는 경향이 있다.

(4) 테스트 컬(Test curl)

테스트 컬의 목적은 환원제가 모발에 어느 정도 작용했는지의 여부를 판단하여 정확한 방치 시간을 결정하고 웨이브의 형성 정도를 파악하는 것이다. 일반적으로는 환원제 도포 후 모발의 상태에 따라 약 10~20분 정도에서 각 부위에 따라 하나의 로드를 2회전 정도 풀어 두피 쪽으로 가볍게 밀어보아 'S' 자형의 리지(ridge)가 확실하게 생기는지를 검사한다. 원하는 컬의 형태를 확인한 다음 다시 고정시켜 다음 단계의 시술로 진행한다. 그러나 만약 느슨한 'S' 자형의 리지가 보이면 컬의 형성 정도에 따라 환원제를 재도포한 다음 적절한 시간 동안 재방치한다. 너무 오랜 시간을 방치한 경우 컬의 탄력

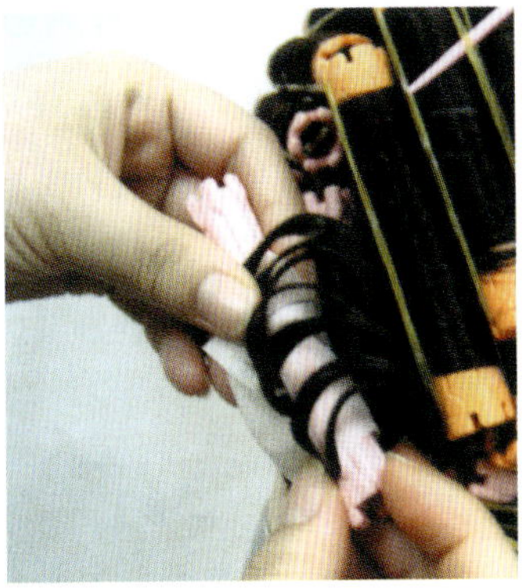

이 줄어들고 모발에 화학적인 손상에 입히게 되므로 방치 시간을 잘 조절해야 한다. (모발 손상 정도에 따라 Test Curl은 다소 달라질 수 있다.)

퍼머넌트 웨이브제(permanent wave solution)는 액상에 따른 분류에 의해 알칼리성, 중성, 산성이 있다. 산성이나 중성 타입의 퍼머넌트 웨이브제는 환원하는 힘이 약하고 팽윤도 적기 때문에 웨이브의 형태를 파악하기에 어려움이 있으므로 어느 정도의 숙련과 경험에 의한 판단이 요구된다. 원하는 웨이브가 나오지 않았을 때에는 비닐 캡을 씌우고 모발의 상태나 조건, 로드의 크기, 퍼머넌트 웨이브 디자인에 따라 열처리나 환원제의 재도포, 방치 시간의 연장을 적용하며 적당한 웨이브의 크기를 조절하여 컬을 완성한다.

(5) 중간 린스(Plain rinse)

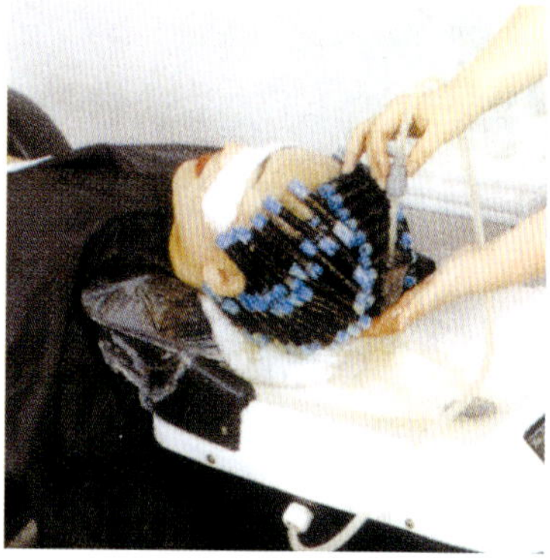

퍼머넌트 웨이브의 과정 중 제1제의 프로세싱 타임과 제2제를 바르기 전에 모발에 남아 있는 환원제의 잔여물을 제거하여 산화제의 산화작용을 원활하게 이루어지도록 하기 위해 미온수로 모발에 헹구어내는 것이다. 또한 브롬산염의 산화작용은 pH가 낮은 쪽에서 강하게 작용하기 때문에 pH가 높은 제1제를 물로 씻어 내는 것이 바람직하며 웨이브 형성 능력을 높일 수 있다.

만약 중간 린스를 하지 않으면 모발에 남아 있는 환원제(제1제)와 산화제(제2제)가 반응하여 환원제에 의해 산화제의 작용이 묽어지기 때문에 산화제의 역할을 충분히 하지 못할 경우가 있을 수 있다.

또한 환원제는 일반적으로 알칼리성인 것이 많기 때문에 중간 린스를 하지 않으면 환원제의 알칼리가 잔존하여 두피와 모발을 손상시키는 원인이 되기도 한다. 따라서 중간 린스를 통하여 디티오글리콜산을 제거하여 시스틴 결합의 재결합과 동시에 모발 손상을 줄이는 결과가 되는 것이다. 중간 린스를 하는 방법은 미온수로 모발 전체를 충분히 헹궈낸 다음 부드러운 수건이나 탈지면 등으로 두피와 로드의 물기를 완전히 제거한다. 만약 물기를 충분히 제거하지 않으면 산화제를 모발에 도포했을 때 모발에 남아 있는 수분에 의해 산화제가 희석되거나 산화제의 흡수를 방해하여 웨이브의 형성을 방해하기 때문에 숙련된 동작으로 신속하게 실시하는 것이 좋다.

(6) 산화제 도포

산화제는 환원제로 인한 모발의 끊겨진 결합을 다시 연결해 주어 로드에 감긴 모양으로 웨이브를 고정시키는 것으로, 이때 환원제의 작용은 멈추고 산화제의 산화작용에 의해 이루어진다. 중간 린스 후 모발과 두피에 남은 물기를 완전히 제거하고 로드를 꼼꼼하게 돌려가며 고루 산화제를 도포해야 산화작용이 잘 이루어진다. 모발의 길이, 모발의 상태, 컬의 상태에 따라 산화 시간과 횟수를 조절하여야 하며, 보통 산화 시간은 15~20분 정도이다.

① 와인딩된 모발에 산화제를 골고루 빠짐없이 도포하여 웨이브를 고정시켜 주는 작용을 한다.
② 모발의 길이가 길거나 숱이 많은 경우에는 산화제가 깊이 침투되도록 2~3번 도포하여 준다. 산화제를 2~3번 나누어 도포하여 주면 산화 효과는 증가하게 된다.
③ 모발 상태에 따라 방치 시간은 15~20분으로 산화 효과가 적당히 작용하도록 하며, 산화시간이 길수록 모발 손상의 원인이 되므로 주의한다.
④ 산화제에 의한 시스틴의 재결합으로 웨이브가 형성되는데 과도한 산화 반응으로 시스테인이 cystine으로의 결합을 넘어 cysteic acids으로 변하게 된다. 이 상태는 시스틴의 결합이 깨지고 절대로 시스틴으로의 복구는 어려우며 영구 손상을 초래하게 되는 것이다. 과산화 반응으로 인한 퍼머넌트 웨이브 모발은 cysteic acids으로 인하여 모발 손상으로 탈색 현상을 보이며, 웨이브 형성력도 느슨하게 된다.

(7) 린스

산화제 도포 후 로드를 제거하며, 미지근한 물로 퍼머넌트 웨이브제의 화학적인 성분이 두피나 모발에 남지 않도록 충분히 헹구어낸다. 모발 중간이나 끝 부분부터 도포하며 모근 부분은 살짝만 도포하여 마사지한 후 린스제가 잔류하지 않도록 깨끗하게 헹구어 제거하여 준다. 퍼머넌트 웨이브제와 텐션으로 인하여 민감해진 두피에 가볍게 마사지나 지압을 한다. 두피가 민감한 경우 두피에 무리한 마사지나 지압은 금물이며, 산성 린스를 하여 모발의 pH 밸런스를 맞추어 준다. 또한 얼굴이나 귓등, 목 부분에 묻은 퍼머넌트 웨이브제도 충분히 제거하며, 모발 끝이 손상된 경우에는 모발 끝 부분이나 컬이 많은 경우에는 충분히 린스제를 골고루 도포한 후 미지근한 물로 헹구어낸다.

퍼머넌트 웨이브제로 거칠어진 모발 표면은 린스작용으로 유분을 보충하고 정전기를 방지해 준다. 또한 퍼머넌트 웨이브제 특유의 냄새를 제거하며, 모발의 윤기를 부여하여 감촉을 부드럽게하고 모발을 정리하여 주는 작용을 한다.

퍼머넌트 웨이브가 형성된 두피 및 모발은 퍼머넌트 웨이브제로 인하여 외부의 압력에 대해 민감해지며, 탄력성이 떨어지기 쉬우므로 모발 손상 방지를 위하여 컨디셔너나 트리트먼트제를 사용하여 모발의 표면을 감싸주고, 탄력 있는 모발로 유지시켜 준다.

퍼머넌트 웨이브 후의 모발은 2~3일 동안에는 샴푸제를 사용하지 않은 순수 린스제를 이용하는 것이 좋다. 샴푸제를 이용한 샴푸는 시스틴 재결합이 불충분한 부분의 웨이브를 약하게 하여 모발의 탄력을 떨어뜨리므로 린스제를 이용하여 헹구어내는 것이 탄력 있는 웨이브를 유지하는 것이다. 린스제는 손바닥에 덜어서 묻혀내어 사용하여 한 곳에 뭉치지 않게 골고루 바르고 모발이나 두피에 남지 않도록 깨끗하게 제거하는 것이 중요하다.

(8) 말리기

린스 후 수건으로 모발과 두피의 물기를 충분히 제거하며, 모발을 비비는 등 마찰보다는 수건으로 모발을 감싸 가볍게 두드려 물기를 제거한다.

드라이어를 이용하여 건조시킬 경우 퍼머넌트 웨이브가 흩어지지 않도록 하며, 두피에서 20㎝ 정도 떨어진 곳에서 약한 바람이나 부드러운 바람으로 모근 부분을 먼저 말려준다. 되도록 마른 상태에서의 빗질은 삼가고 물기가 약간 있을 때 굵은 빗살의 빗을 이용하거나 손가락으로 브러싱하고 가볍게 마무리한다.

또한 Blow Dry를 이용한 스타일의 변화를 줄 경우, 모발의 손상이 가중되므로 삼가는 것이 좋다.

7. Permanent wave 시술 시 주의사항

① 고객과의 충분한 상담으로 모발이나 두피의 상태를 파악하고, 고객이 원하는 스타일을 잘 분석하여 모발의 길이, 모발의 질감, 디자인의 형태에 따른 웨이브의 크기나 볼륨을 정한다.
② 모발 진단을 통해 모질에 알맞은 퍼머넌트 웨이브제와 시술 방법을 결정하고, 퍼머넌트 웨이브 시술 전 샴푸는 두피를 자극하지 않으며 가볍게 한다.
③ 퍼머넌트 웨이브 디자인에 따른 올바른 로드 선정과 신속한 와인딩으로 환원제를 골고루 도포하는 것이 중요하다. 적절한 프로세싱 타임을 적용하여 방치 시간이 너무 길어지지 않도록 하며, 오버 타임이 되지 않도록 주의한다.

④ 고객의 옷이나 얼굴, 목덜미 등에 퍼머넌트 웨이브제와 같은 화학 성분이 묻지 않도록 가운과 수건, 어깨보를 꼼꼼하게 착용하게 하고 세심한 주의를 한다.

⑤ 로드 자국이 두피에 남지 않도록 쇼트 헤어(short hair)의 경우 지그재그 섹션을 떠서 시술하여 로드 자국이 잘 형성되지 않도록 주의하며, 스틱(stick)을 이용하여 고무 밴드 자국이 남지 않도록 한다.

⑥ 산화제 도포 시 와인딩된 모발을 빠짐없이 충분히 도포하고 얼굴이나 목으로 흐르지 않도록 세심하게 주의한다. 타월이나 헤어밴드가 젖은 경우 재빨리 새로운 수건이나 헤어밴드로 교체하여 피부 손상을 주거나 불쾌감을 주지 않도록 한다. 모발 상태나 조건에 따라 2~3번의 산화제를 도포하여 15~20분의 산화 타임을 제대로 적용시키며 오버 타임이 되지 않도록 주의한다.

⑦ 로드를 풀 때는 고무밴드가 머리카락이나 로드에 걸리지 않도록 세심한 주의를 기울이면서 밑에서부터 위로 풀어나간다. 미지근한 물로 두피에 남아있는 퍼머넌트 웨이브제를 충분히 헹군 다음 샴푸제를 쓰지 않으며 린스만 사용하여 충분히 헹구어낸다.

⑧ 퍼머넌트 웨이브제를 취급할 때는 반드시 보호용 장갑을 착용한다.

⑨ 퍼머넌트 웨이브 시술 후 고객카드를 작성하여 고객의 모발의 특징이나 매뉴얼에 대한 상세한 내용을 작성하여 관리한다.

⑩ 가정에서의 모발 손질 및 헤어스타일 관리법을 설명해 준다.

참고

- **Permanent Wave의 정의**
  - 자연 상태의 모발에 물리적·화학적 과정을 거쳐 모발을 영구적으로 물결상의 변화된 모양으로 만든 스타일

- **Permanent Wave의 원리**

+2H (환원 : 제1제의 작용)

| -S-S- | ====================⟩ | -SH HS- |

시스틴 ⟨==================== 시스테인

+O (산화 : 제2제의 작용)

- **Permanent Wave제의 구성 성분**
  - 제1제(환원제) : 환원제(티오글리콜산 or 시스테인), 알칼리제
  - 제2제(산화제) : 산화제(브롬산염, 과산화수소, 과붕산나트륨), 첨가제

<퍼머넌트 웨이브의 정의 및 역사>

연도	내용
고대	펌 웨이브의 역사는 B.C 3000년경 고대 이집트인들이 모발에 진흙을 발라 이를 막대기에 감고 햇볕에 말려서 웨이브를 만든 것에서부터 시작되었으며 알칼리와 열을 이용한 퍼머넌트 웨이브의 기원이라 할 수 있다. 그 이후 고대 그리스·로마시대에도 불로 데운 쇠막대기를 이용하여 웨이브를 만들었다.
1870년	프랑스 마셀 그라또(Marcel Grateau)가 아이롱을 이용한 마셀 웨이빙을 발명하였다. 그러나 이는 일시적인 웨이브로서 머리를 감거나 모발에 수분이 닿으면 웨이브가 풀려서 원래의 직모로 되돌아가는 결점이 있었다.
1905년	영국 사교계의 유명한 미용사 찰스 네슬러(Charles Nessler)는 웨이브를 영구적으로 지속시킬 수 있는 방법을 연구하던 중 모발에 붕사와 같은 알칼리 수용액을 바른 다음 금속성 원형 롤러에 와인딩을 하고 전기로 가열하는 방법을 고안했다. 이는 알칼리와 열을 이용한 히트 웨이브(head wave)로써 이때의 와인딩 방법은 모근에서 모발 끝 쪽으로 와인딩 해 나가는 스파이럴 와인딩 방식으로 긴 모발에만 시술이 가능하였다. 찰스 네슬러의 히트 웨이브는 100도가 넘는 고열을 사용하는 방법으로 모발이 끊어지는 등의 위험성과 12시간이 넘는 시술 시간, 높은 비용 등으로 인해 널리 사용되지는 못했다.
1925년	죠셉 메이어(Joseph Mayer)가 크로키놀식 웨이브를 고안해 냈는데 모발 끝에서 부터 모근 쪽으로 와인딩 해 나가는 기법으로 짧은 머리나 긴 머리 모두 가능한 방법이다.
1930년	위험한 전기를 사용하지 않는 방법으로 약품의 화학 반응에서 얻어진 반응열을 이용함으로 가열 기구의 위험함으로부터 벗어났다.
1936년	영국 리도 대학 교수 J.B.스피크먼(J.B. Speakman)이 아황산수소나트륨을 이용하여 실온에 가까운 온도(40도) 미만에서도 충분한 웨이브가 얻어지는 것을 발견하게 되었다. 모발 케라틴의 화학구조를 연구하여 기존의 100도 전후의 가열이 필요했던 시술 온도를 실온(40도) 미만에서도 가능하다는 의미로 콜드라는 명칭을 사용하게 되었다. 이 콜드 퍼머넌트 웨이브 방법은 고열로 인한 위험부담을 줄이고 시술 시간을 2~3시간으로 감소시켜 퍼머넌트 웨이브의 대중화를 가져오게 되었다.
1941년	미국에서 맥도우(McDonough)가 티오글리콜산염을 주제로 한 콜드 퍼머넌트 웨이브의 연구에 성공하였고, 그 후 많은 연구를 거쳐 1947년 미국의 FDA(식품의약품국)에 의해 치오글리콜산염을 주제로 한 퍼머넌트 웨이브제가 보건위생상 무해하며 효과적인 웨이브를 얻을 수 있다는 인증을 받아 현재에까지 이르고 있다.

< 현대 서양 퍼머넌트 웨이브의 시대별 변천사 >

연도	현대 서양 퍼머넌트 웨이브의 변천사
1900년대	급속한 과학기술의 발달로 풍요와 성장을 거듭하여 아르누보 양식이 유행하였다. 헤어스타일은 가르마 없는 앞머리를 위로 빗어 올리고 뒷머리를 느슨하고 부드럽게 치켜올린 퐁파두르 스타일(pompadour style)이 유행하였다. 이 스타일은 본래 프랑스 루이 15세의 정부였던 Marquise de Pompadour가 유행시킨 스타일로 그녀의 이름을 따서 퐁파두르라고 부르게 된 것이다. 퐁파두르 스타일이 유행하면서 리본, 깃털, 꽃 등으로 장식한 모자를 즐겼으며 적갈색으로 염색을 하기도 했다. 헤어디자이너 마셀이 창안한 마샬 웨이브로 파도 모양의 곱슬곱슬한 스타일을 유행시켰으며, 찰스 네슬러가 전기 열과 알칼리 수용액으로 한 단계 더 발전된 오래가는 퍼머넌트 웨이브를 소개함으로써 매일 머리를 손질해야 하는 수고로움을 덜게 되었다.
1910년대	1910년대는 공업화 등으로 여성들의 사회 진출이 늘어난 시기이다. 헤어스타일 또한 여성스러움과 권위의 상징에서 벗어나 단순하고 손질하기 쉬운 스타일로 변화되었다. 단순함과 기능성을 추구하게 되면서 쇼트 커트(short cut)나 보브 스타일(bob style)이 선풍적인 인기를 끌었으며, 일하는 여성들의 보편적인 스타일로 자리잡게 되었다. 이 시대의 퍼머넌트 웨이브는 세로 웨이브인 스파이럴 와인딩(spiral winding) 기법이 유행되어 어깨까지 늘어진 머리에 스파이럴로 와인딩 한 헤어스타일을 가진 영화배우들이 유행에 많은 영향을 끼쳤다.
1920년대	제1차 세계대전 후 여성들의 지위가 향상되고 경제력을 갖추게 되었다. 여성들에게도 자유연애를 즐기고 활동성을 중시하면서 보이시한 스타일을 선호하게 되었다. 미국은 세계 최강국으로 부상하였는데 부의 지나친 편중으로 인해 가난한 서민들의 구매력이 떨어져 재고가 쌓이면서 1929년 대공황이라는 불경기를 맞게 되었다. 1910년대에 유행한 보브 스타일이 1920년대에 들어서면서 보브 스타일보다 더 짧은 남성 머리 형태의 쇼트 커트인 싱글(single)이라는 스타일을 하였다. 싱글이란 남성들이 전통적 머리 형태처럼 뒷머리를 짧게 쳐주는 것으로서 이 싱글 커트는 남녀평등에 대한 의지를 드러낸 것이었다. 퍼머넌트 웨이브는 짧은 머리에 얼굴을 감싸는 듯한 마셀 웨이브를 하였는데 짧아진 머리로 인해 5cm 정도의 작은 핀을 제외한 다른 핀은 거의 사용이 되지 않았다. 1925년엔 죠셉 메이어가 모발 끝에서 모근 쪽으로 와인딩하는 크로키놀 와인딩(croquignol winding) 기법을 고안하여 짧은 머리의 펌이 가능하게 되어 여성들의 헤어스타일 연출이 훨씬 더 간편해졌다.

연도	현대 서양 퍼머넌트 웨이브의 변천사
1930년대	1930년대는 1929년 세계적인 대공황으로 인해 실업과 인플레가 늘어났으며 이로 인해 사회적 분위기가 불안해지면서 모성애가 풍기는 여성스럽고 세련된 여성이 이상형으로 대두되면서 의상, 메이크업, 헤어스타일이 부드럽고 성숙되며 여성스러워졌다. 헤어스타일에 있어서는 부드러운 퍼머넌트 웨이브가 대세를 이루었는데 1936년에 개발된 콜드 웨이브식 퍼머넌트 웨이브가 일반인에게 대중화되었고 1920년대의 짧은 보브 스타일과 달리 어깨 길이에 머리 중간이나 끝만 부드럽게 웨이브를 주는 스타일이 유행하였다. 1930년대의 경제공황으로 인해 사람들은 영화의 화려함에서 현실의 어려움을 잊으려 했다. 영화에서 나오는 배우들의 헤어스타일이나 메이크업, 의상 등은 당시 유행에 큰 영향을 미치게 된다. 진 할로우(Jean Harlow)의 금발머리, 그레타 가르보의 페이지 보이 보브(page boy bob) 스타일 등이 세계적으로 유행하였으며 베레모나 터번을 쓰거나 화려한 스카프 등이 유행하였다.
1940년대	제2차 세계대전 후 세계 문화의 중심은 미국으로 옮겨갔고 사람들의 사고 체계도 권위주의적 사고에서 대중 중심의 자유로운 사고 체계로 변화하기 시작했다. 1940년대에는 1930년대에 비해 헤어스타일이 비교적 간소했고 머리 보호용의 모자를 착용했다. 전쟁이 끝난 후 크리스찬 디올의 뉴룩(new look)의 유행으로 머리에서 발끝까지 작아 보이도록 했으며 머리형태도 두상에 딱 달라붙는 시뇽 형태였다. 헤어스타일은 퐁파두르 스타일이 유행하였는데, 1900년대의 퐁파두르 스타일에 비해 머리를 부드럽게 어깨 위에 내렸으며 과하게 부풀리지 않았다. 1940년대 후반에는 긴 머리보다 어깨 길이, 혹은 그보다 더 짧아져 가는 경향을 보였다.
1950년대	1950년대의 헤어스타일은 짧은 머리와 볼륨감 있는 굵은 웨이브가 주류를 이루었다. 모발은 4~5cm 길이로 똑같이 잘라 컬을 준 푸들 컷(Poodle Cut), 이마와 뺨에 납작하게 붙인 곱슬 애교머리 스타일, 10cm 정도의 모발을 둥글고 굵은 우아한 웨이브를 낸 버블 스타일 등이 있다. 1950년대를 대표하는 마릴린 먼로가 버블 스타일을 주로 하였고, 오드리 햅번의 불규칙한 앞머리와 짧은 커트, 픽시 커트, 브리짓 바르도의 흐트러진 스타일이 유행하였다.

연도	현대 서양 퍼머넌트 웨이브의 변천사
1960년대	제2차 세계대전 이후 태어난 세대가 1960년대에 청년으로 자라나 고등교육과 취업의 기회를 얻어 커다란 힘의 집단을 형성하였다. 이들은 독특한 청년문화를 형성하였는데 영국의 비틀즈(Beatles)와 롤링 스톤스(Rolling Stones) 등을 우상으로 삼았으며 기성세대에 반기를 들어 히피문화를 꽃피웠으며, 흑인 민권운동이 활발하게 전개되어 아프로 스타일(Afro Style)이 유행하였다. 1960년대의 헤어스타일은 풍성한 볼륨을 줘서 과도하게 부풀리는 부판트(Bouffant) 스타일이 유행하였다. 머리 길이에 상관없이 긴 머리나 짧은 머리에도 백코우밍 등을 사용하여 모발을 부풀렸으며, 히피문화가 형성되면서 히피 헤어 스타일(Hippie Hair Style)이 유행하였는데 히피 헤어스타일이란 긴 머리를 다듬지 않은 채로 그대로 풀어헤쳐서 자연스러운 모양을 내는 스타일이다. 또한 영국의 비달사순(Vidal Sassoon)이 기하학적 커트로 유명해졌으며, 영국의 10대 모델인 트위기(Twiggy)의 짧은 머리가 유행하기로 했다.
1970년대	1973년의 석유 파동과 재정 적자로 세계는 크게 동요하면서 자연으로 되돌아가자는 운동과 여성운동이 확산되었다. 1970년대의 영국은 젊은이들의 비중이 컸지만 경제적인 불황으로 상당수가 실업자 상태에 있었다. 자신들의 암울한 미래, 사회에 대한 반항, 분노, 좌절을 젊은이들은 펑크와 같은 혐오스러운 복장과 헤어스타일을 하고 다니면서 연출하였다. 헤어스타일은 자연으로 되돌아가자는 운동으로 인해 바람처럼 자연스러운 퍼머 웨이브가 유행했으며 특히 파라 포셋(Farrah Fawecett)의 자연스러운 헤어스타일이 유행했다. 후반에는 펑크 스타일이 많이 보였는데 머리를 뾰족뾰족하게 세우고 다양한 컬러로 염색하는 등의 스타일을 통해 자신들의 주장을 나타내려 하었다.
1980년대	1980년대는 사회 문화 전반에 걸쳐 변화된 모습들이 표면적으로 구체화되는 시기이다. 계층 간의 위계질서가 무너지고 다양성과 가변성이 수동되는 현상이 나타나 기존의 절대가치를 지향하던 중앙 집권적 체제에서 가치의 상대성을 인정하는 체제로 변화되었다. 미용시장에도 많은 변화가 있었는데 전문 뷰티 살롱이 대중화되어서 일반인들이 손쉽게 이용하였고, 해마다 그 해의 트렌드를 발표하여 세계적으로 작품을 공유하기 시작했다. 1970년대의 펑크 스타일이 계속 유행하였으며 다이애너비의 커트 스타일이 전세계적으로 퍼졌다. 또한 다양한 색깔의 컬러링이 일반화되고 퍼머넌트 스타일은 부드러우면서 자연스러운 웨이브가 유행하였다.

연도	현대 서양 퍼머넌트 웨이브의 변천사
1990년대	현대와 탈 현대의 과도기적 상황에서 전통성의 회복, 복고로의 부활, 동양·아프리카·남미 등 이국적 감각이 등장하였고, 환경 파괴와 생태계 보존이 심각한 문제로 대두되었다. 소련연방이 붕괴되면서 이념 체계가 무너지고 경제 원리에 의해 움직이는 세계가 되었다. 1990년대 말에는 새천년에 대한 기대로 다양한 문화가 공존하였고, 다양한 문화를 사회 전반적으로 받아들이는 분위기가 되었다. 헤어스타일에 있어서도 개인의 독창성을 중시하여 다양한 스타일이 공존하였다. 자연보호 트렌드와 함께 밝은 색의 길고 자연스런 웨이브가 유행하였고, 제3국에 대한 관심이 증대되면서 힙-합 레게 스타일, 동양풍의 생머리나 직선적인 뱅을 한 스타일이 유행하였다. 개인의 개성을 중시하게 되면서 두상에 달라붙는 스트레이트 스타일이 유행하였고 퍼머넌트를 하더라도 굵은 웨이브가 주류를 이루었다.
2000년대 이후	2000년대에는 모든 면에 있어 환상성, 가상현실 등이 대폭 도입된다. 인터넷의 도입으로 정보의 다양화로 문학이 인접 예술과 더욱 활발히 교류하게 되었다. 한 세기가 바뀌면서 많은 컬렉션과 트렌드 발표가 줄을 잇고 있고 미용 전반에 많은 변화가 일고 있다. 과학의 발달로 좀 더 안전하고 친환경적인 미용 제품들이 개발되고 다양한 기구들이 속속 나오면서 많은 변화를 가져오고 있다. 과거 어느 시대보다 개인의 독창성이 중시되어서 다양한 스타일이 재창조되어 나오고 있고 헤어 컬러링도 고도로 발달하게 되었다. 퍼머넌트 웨이브의 형태도 굵은 웨이브와 호일 펌이나 아프로 펌과 같이 강한 웨이브가 공존하여 발전하고 있다.

CHAPTER

05 기초 퍼머넌트 웨이브 기법

1. 블로킹(Bloking) 및 베이스 섹션(Base Section)

(1) 블로킹(Bloking)

퍼머넌트 웨이브의 효율을 위해 모발의 길이나 디자인을 고려하여 로드의 종류나 모발의 밀도, 모발 상태 등을 고려하여 두상을 크게 나누어 등분하는 것을 의미한다.

(2) 베이스 섹션(Base Section)

베이스 섹션은 블로킹된 부분을 원하는 헤어스타일 디자인에 고려하여 선정된 로드에 와인딩하기 위해 세밀하게 나누는 것을 의미한다. 이는 헤어스타일, 로드의 크기와 종류, 모발의 굵기, 밀도, 길이, 손상 정도, 볼륨, 방향성에 따라 베이스의 넓이와 폭을 조절할 수 있는데 수평형, 수직형, 사선형, 삼각형 등 여러 모양으로 나눌 수 있다.

1 수평 베이스 섹션

가장 기본이 되는 베이스 섹션으로 모근의 볼륨이 크며 일반적으로 많이 사용한다.

2 수직 베이스 섹션

긴 모발의 부드러운 웨이브를 원할 경우에 사용되는 베이스 섹션으로 모발의 자연스러운 웨이브 흐름이 입체적이다.

3 사선 베이스 섹션

수평과 수직의 장점을 이용한 베이스 섹션으로 볼륨을 조절할 수 있으며, 웨이브의 방향성을 주어 원하는 퍼머넌트 웨이브의 흐름을 잘 나타낸다.

4 삼각 베이스 섹션

브레이딩, 핀컬, 레게 퍼머넌트와 같이 가닥가닥 분리된 느낌의 스타일에 주로 사용되는 베이스 섹션이다.

5 지그재그 베이스 섹션

블로킹 없이 엇갈리는 베이스 섹션이다. 전체적으로 골고루 볼륨감을 주며 모발의 밀도가 작은 경우 사용하면 효율적이다.

6 서클 베이스 섹션

모발의 웨이브 흐름을 뒤로 자연스럽게 넘어가게 하는 베이스 섹션으로 모발의 리지(ledge)가 수평적으로 연결되어 있다.

7 위빙 베이스 섹션

베이스 섹션 자국이 보이지 않도록 하기 위한 베이스 기법으로 모발이 서로 자연스럽게 교차 하여 부드러운 느낌을 준다.

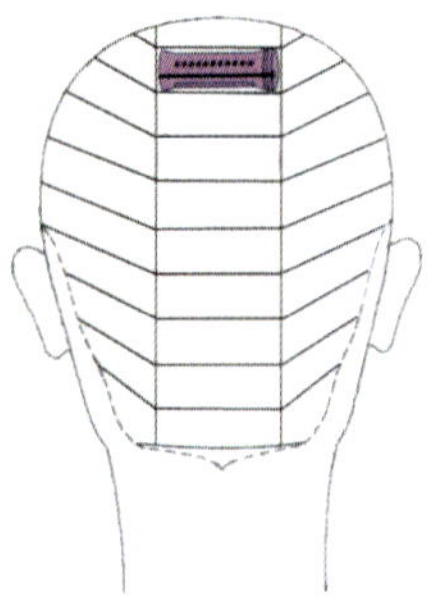

| 수평 베이스 섹션 |

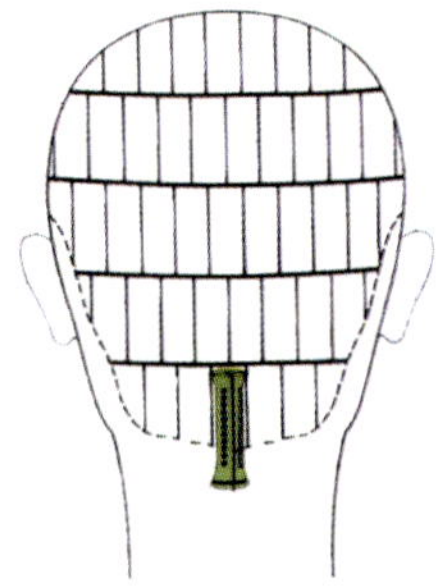

| 수직 베이스 섹션 |

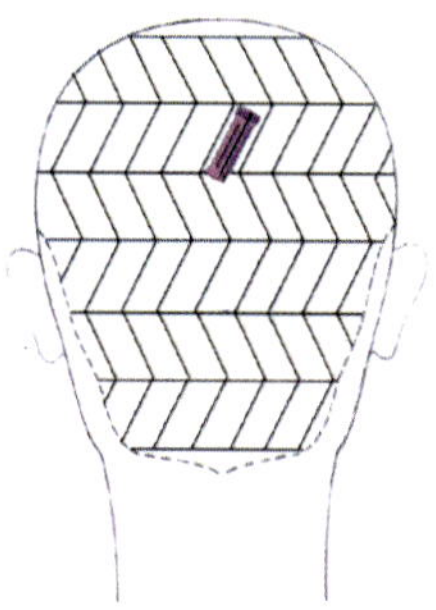

| 사선 베이스 섹션 |

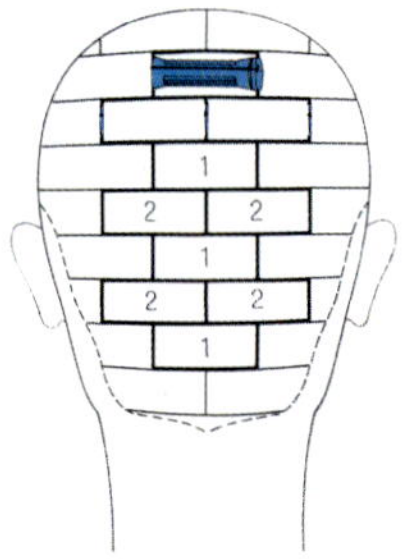

| 지그재그 베이스 섹션 |

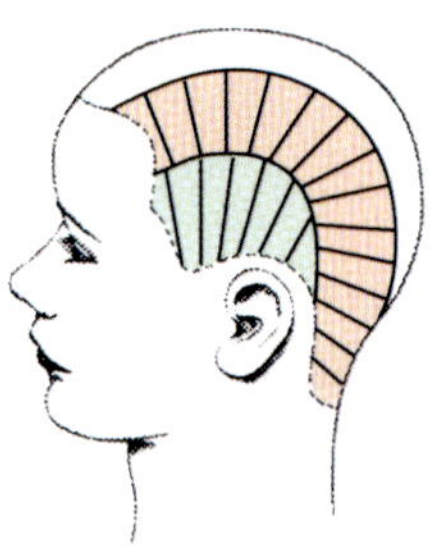

| 서클 베이스 섹션 |

| 위빙 베이스 섹션 |

2. 와인딩 기법

(1) 크로키놀식 와인딩(Croquignole Winding)

크로키놀식 와인딩은 모발 끝선에서부터 시작되는 와인딩 기법으로 가장 보편적으로 많이 사용되는 기법이다. 1925년 죠셉 메이어(Joseph Mayer)에 의해 고안된 기법으로 짧은 모발뿐만 아니라 긴 모발에도 다양하게 적용할 수 있으며 가로, 세로, 사선으로 응용할 수 있다.

1 가로 와인딩

로드가 수평으로 눕혀진 상태로 와인딩하는 기법으로 리지(ledge)가 수평으로 되어 있어 특히 와인딩 각도에 따라 볼륨 조절이 가능하며 모근 쪽에 큰 볼륨감의 웨이브를 얻을 수 있다.

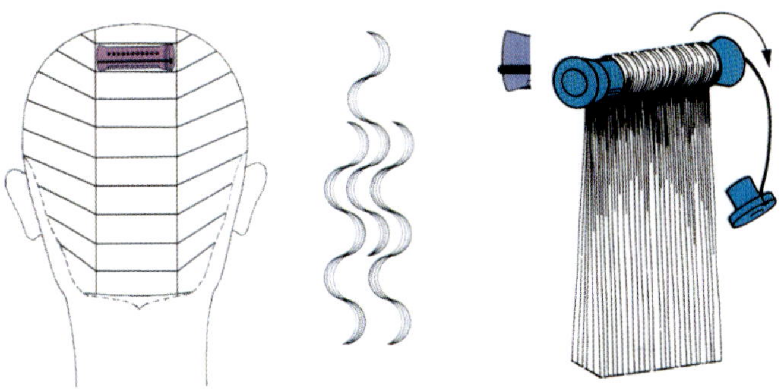

2 세로 와인딩

로드가 수직으로 세워져 있는 상태로 와인딩하는 기법으로 가로 와인딩보다 볼륨감은 적지만 부드럽고 자연스러운 웨이브를 얻을 수 있다.

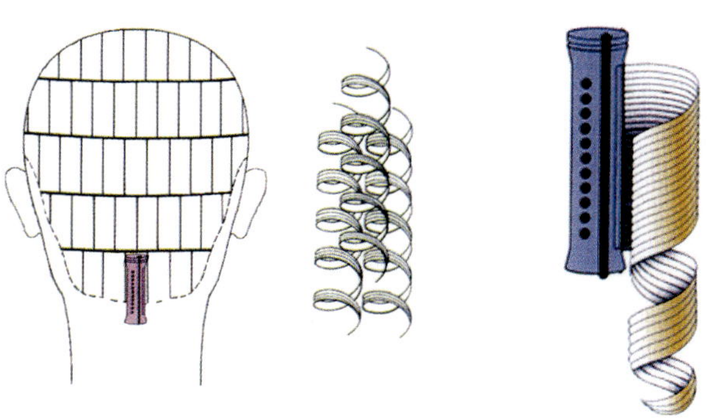

3 사선 와인딩

로드의 위치가 사선으로 뉘어져 있는 상태로 와인딩하는 기법으로 리지가 사선으로 정리되어 웨이브의 방향감을 유도할 수 있다. 특히 앞머리의 가르마를 중심으로 모발 방향을 결정하고자 할 때 사용되는 와인딩 기법이다.

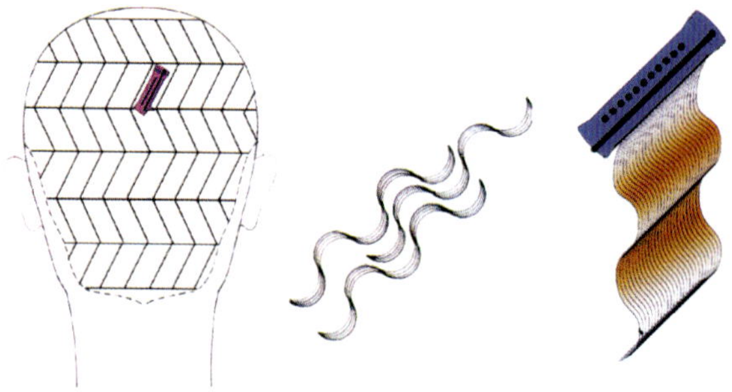

(2) 스파이럴식 와인딩(Spiral Winding)

스파이럴식 와인딩 기법은 모근에서 모발 끝선으로 와인딩하는 기법과 모발 끝선에서 모근 쪽으로 와인딩하는 기법이 있다. 이 방법은 짧은 모발보다는 긴 모발을 연출하는데 효과적인 방법으로 크로키놀식 와인딩보다 볼륨이 작다.

1 모근 와인딩

모근에서 모발 끝선으로 와인딩하는 기법으로 로드에 모발을 나선형으로 감아가는 기법으로 트위스트상의 강한 웨이브를 얻을 수 있다.

2 모선 와인딩

모발 끝선에서 모근 쪽으로 와인딩하는 기법으로 모발에 로드를 돌려 감아 올라가는 기법으로 부드러운 나선형의 웨이브를 얻을 수 있다.

(3) 압착식(Compression)

베이스 섹션을 떠서 가지런히 빗질한 모발을 중심으로 압착식 기구를 눌러 여러 모양의 웨이브를 형성시키는 방법이다. 이때 모발이 기구의 가장자리에 접착되어 꺾이지 않도록 하여 균형적인 웨이브가 연결되도록 주의한다.

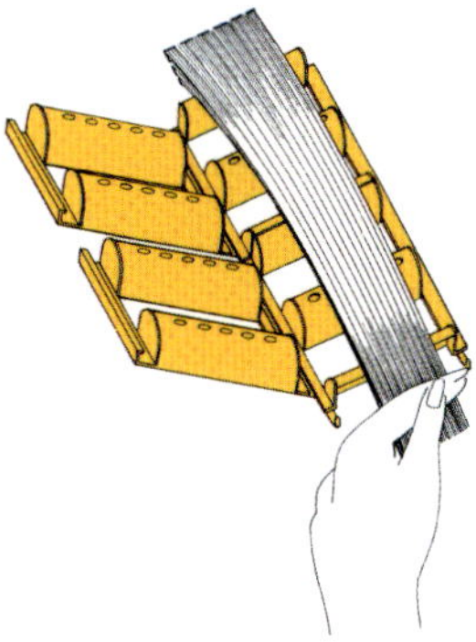

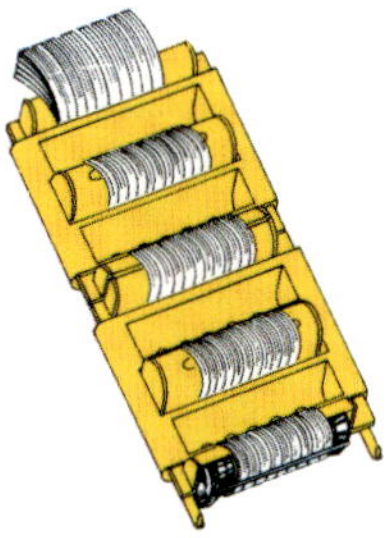

3. 와인딩 방법

(1) 베이스 잡는 법

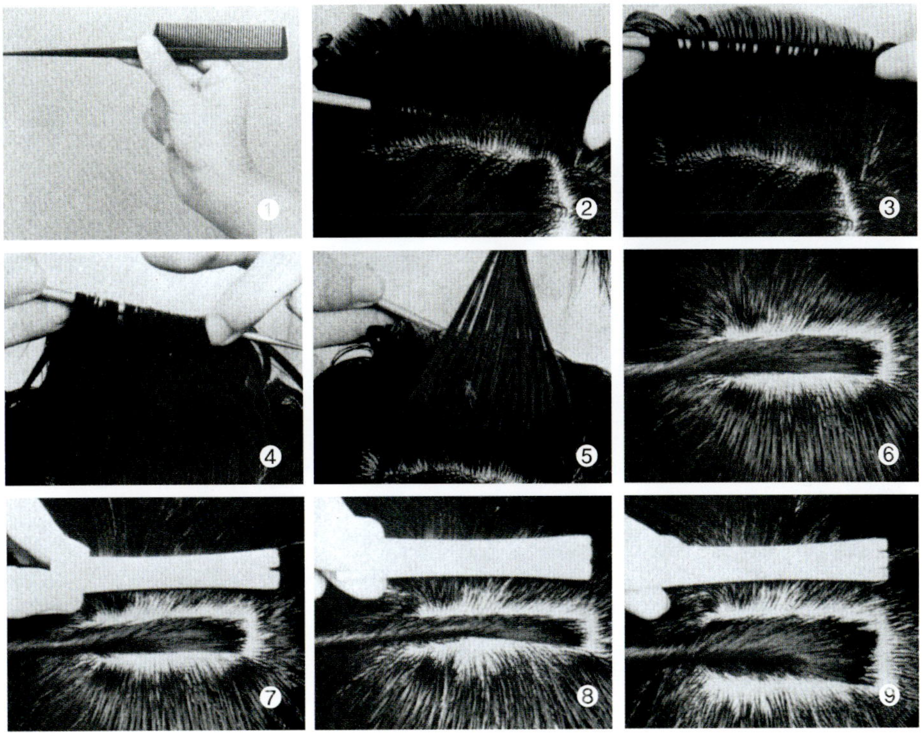

| 적당한 베이스 | | 얇은 베이스 | | 두꺼운 베이스 |

①, ② 슬라이스는 로드의 폭만큼 수평 또는 사선이 되도록 하며 빗꼬리를 이용하여 모근 쪽으로 집어넣는다.

③ 왼손 검지와 빗꼬리를 이용하여 스트랜드를 가른다.

④, ⑤ 스트랜드를 잡아 왼손 엄지와 검지로 잡고 모발의 흐트러짐을 모근 아래에서 위쪽으로 빗질한다.

⑥ 정확한 장방형의 베이스를 잡는다.

⑦ 베이스의 폭은 디자인이나 모발의 길이에 따라 다소 틀리지만 대개 로드의 폭만큼 잡는다. 이때 모발은 로드 길이의 8할 정도가 적당하다.

⑧ 베이스의 폭이 너무 좁으면 스트랜드의 밑부분이 다음 로드에 눌려 밀려 올라가고, 반대 방향으로 자국이 생긴다.

⑨ 베이스의 폭이 넓으면 로드의 간격의 차가 생겨 벌어지게 된다.

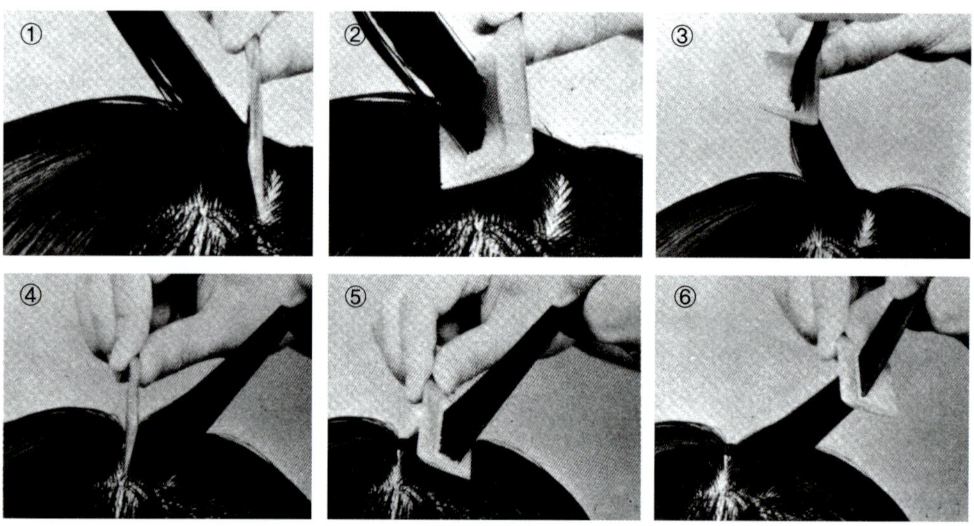

(2) 스트랜드 빗질하는 방법

① 정확하게 슬라이스한 베이스를 한 손으로 잡고 아래 슬라이스한 선에 빗살 끝이 오도록 한다.

② 모근 부분에 빗살 끝을 넣고 안쪽에서 바깥쪽으로 회전하면서 빗질한다.

③ 빗살 밑부분에 텐션을 주면서 모발 끝까지 빗질한다.

④, ⑤ 스트랜드의 바깥쪽에 빗살 끝을 대고 모근 부위를 바깥쪽에서 안쪽으로 빗질한다.

⑥ 정확한 각도와 텐션을 주면서 빗질한다.

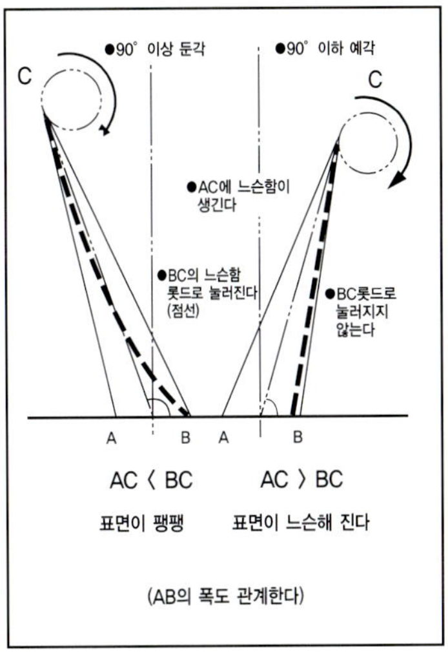

| 스트랜드의 각도 |

45˚

① 스트랜드의 외각 45˚
② 스템이 가장 길고, 로드는 베이스에서 어긋난다
③ 머리 밑부분의 볼륨을 얻을 수 없다

90˚

④ 스트랜드의 외각 90˚
⑤ 스템이 길게 되고, 로드는 스라이스 선보다 아래에 나온다
⑥ 다소의 볼륨을 얻을 수 있다

120˚

⑦ 스트랜드의 외각 120˚
⑧ 로드는 베이스 안에 들어간다
⑨ 밑부분의 볼륨이 충분히 얻어진다

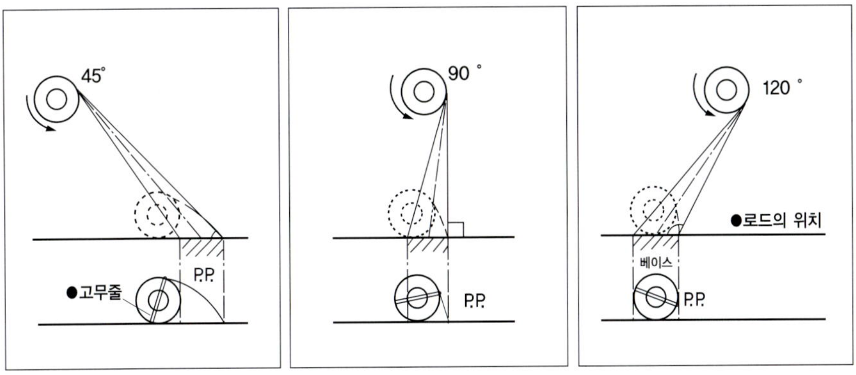

| 스트랜드의 각도 |

(3) 와인딩 방법

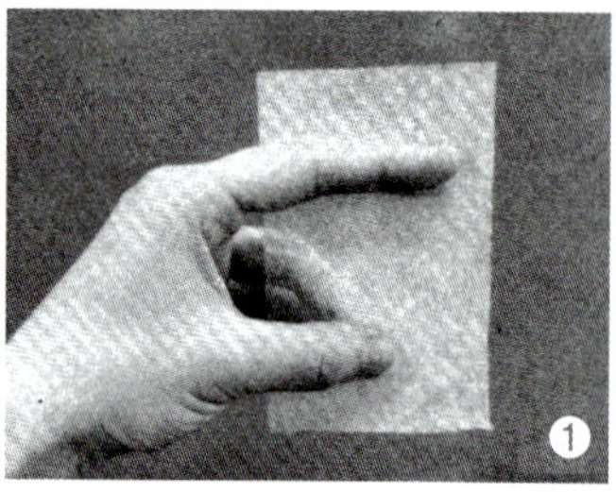

① 페이퍼를 왼손의 검지와 중지를 이용하여 페이퍼 1/3 지점에 끼워 고정시키고, 페이퍼의 밑부분은 왼손 엄지와 약지로 고정시킨다.

②, ③ 로드를 페이퍼 밑에 두어 페이퍼를 고정시킨 손가락과 평행이 되도록 하여 엄지와 약지로 고정시킨다. 이때 손가락과 로드의 간격이 편평하고 넓을수록 모발 끝의 말림이 완전하게 행할 수 있다.

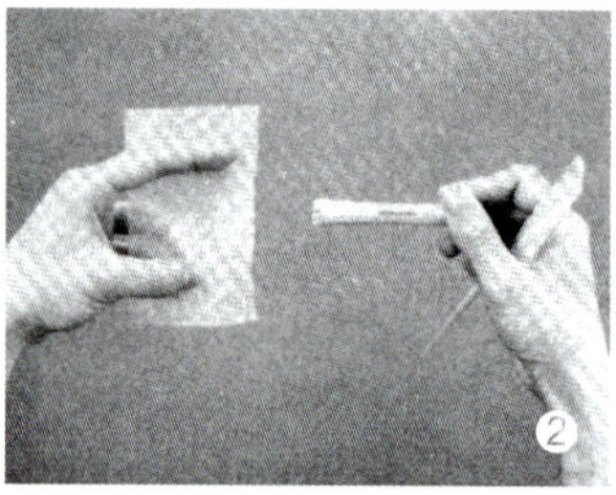

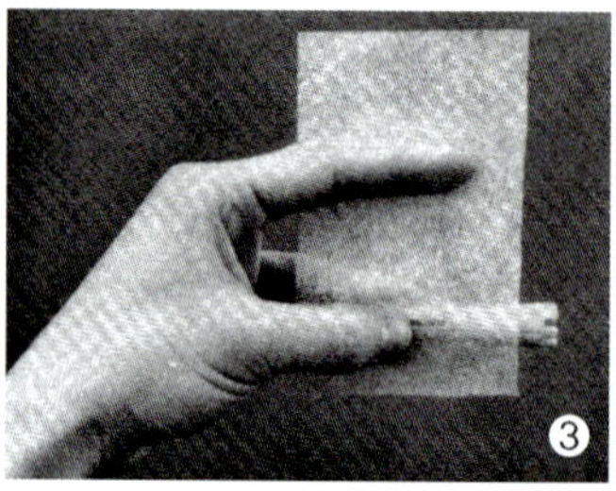

④, ⑤ 오른손 검지를 이용하여 페이퍼를 밀착시키면서 적당한 텐션을 유지하면서 와인딩한다.

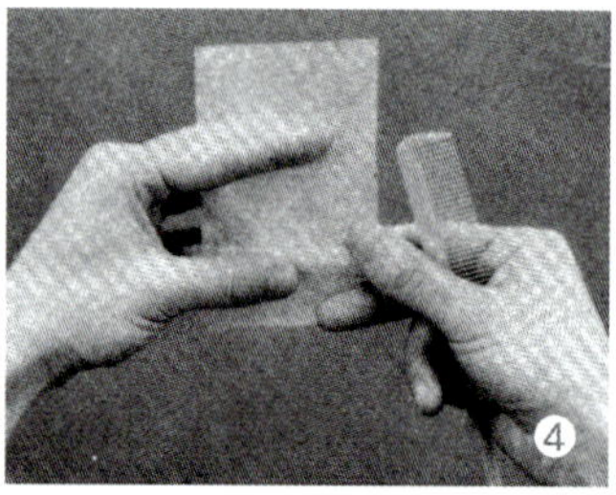

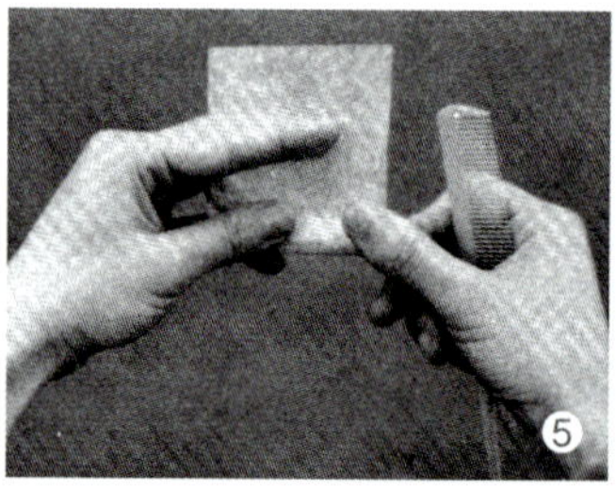

⑥ 오른손 엄지와 검지를 이용하여 페이퍼를 고정시킨 왼손 검지까지 와인딩하고 왼손 엄지와 검지는 로드의 끝을 잡고, 오른손의 엄지, 검지를 이용하여 와인딩한다.

⑦ 와인딩이 끝났으면 밴드를 두 겹으로 하여 오른쪽부터 고정시킨 후 왼쪽으로 고정시킨다. 고무줄은 11자가 되도록 고정시킨다.

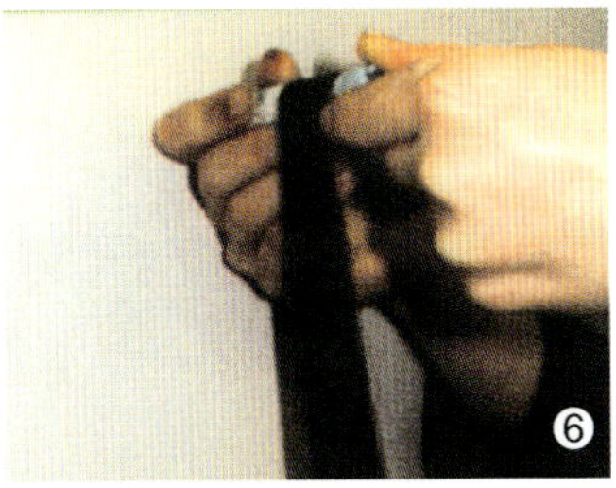

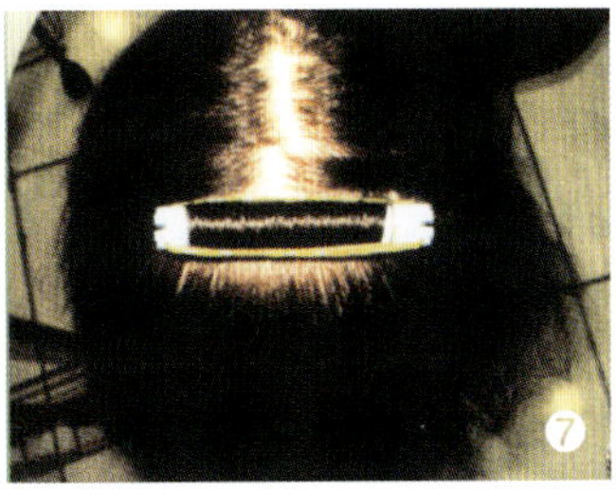

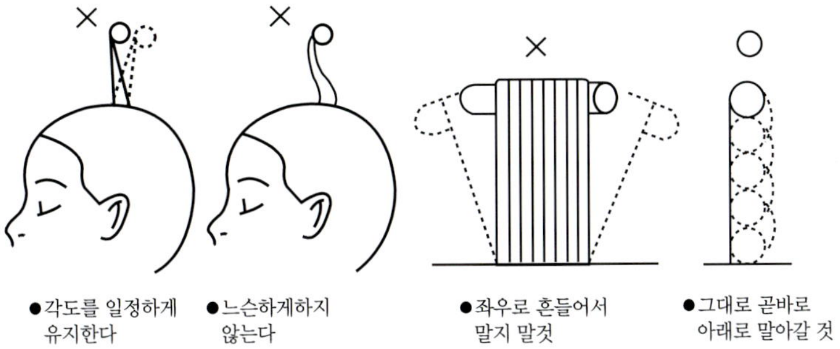

| 와인딩 시 주의사항 |

(4) 엔드 페이퍼

엔드 페이퍼는 모발이 로드에 와인딩할 수 있도록 도와주어 쉽게 와인딩하기 위한 것으로 모발이 골고루 매끄럽게 되도록 도와준다. 모발 끝을 모으거나 혹은 모발이 삐져나오지 않게 하거나, 모발 끝이 꺾이지 않도록 하여야 하며, 그렇지 않을 경우 모발이 손상되거나 잘려져 나갈 우려가 있으며 단모의 원인이 된다.

엔드 페이퍼를 모발에 대는 방법은, 모발 끝에 엔드 페이퍼를 대고 엔드 페이퍼가 모발 끝 밖으로 1/3만 나오게 하여 그대로 와인딩하는 방법이 있고, 모발 끝과 페이퍼 밑단이 겹치도록 한 후, 로드를 밀착시키면서 일정한 텐션을 주면서 페이퍼만 1/3을 와인딩하면서 나머지 2/3는 모발과 엔드 페이퍼를 동시에 와인딩하는 방법이 있다. 로드와 모발이 밀착되면서 텐션을 주어 와인딩할 경우에 꺾인 모발 끝이 펴지게 된다.

모발 끝의 층이 많을수록 엔드 페이퍼 위에 손가락과 로드 사이의 간격을 넓게하여 엔드 페이퍼 양 끝에 대는 것이 와인딩하기 쉽다.

1 단면(single) 엔드 페이퍼 와인딩

스트랜드의 윗면에 엔드 페이퍼를 올려놓는 방법으로 일반적으로 가장 많이 사용하는 기법이다.

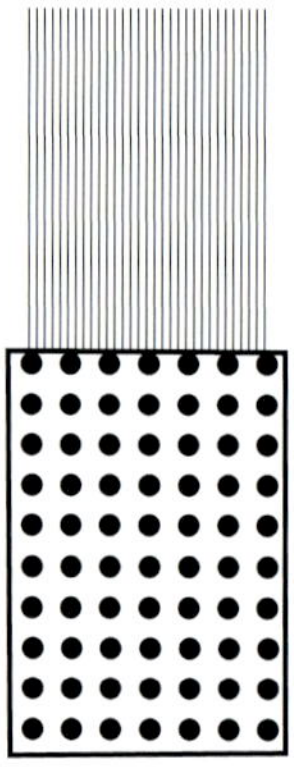

2 양면(double) 엔드 페이퍼 와인딩

2장의 엔드 페이퍼를 스트랜드의 윗면과 아래에 놓고 와인딩하는 기법으로, 모발 손상이 심하거나 모발 길이의 단차가 클 경우 모발 끝이 꺾이지 않고 매끈거리게 와인딩하는 기법이다.

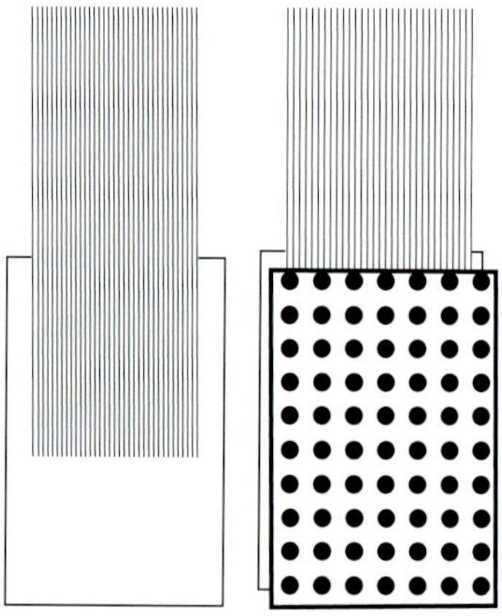

3 겹(book) 엔드 페이퍼 와인딩

1장의 엔드 페이퍼를 반으로 접어 사용하는 기법으로 하나의 엔드 페이퍼를 이용하여 양면 엔드 페이퍼 와인딩과 같은 효과를 얻을 수 있다. 비교적 숱이 작거나 얇은 슬라이스에 사용할 수 있으며, 엔드 페이퍼가 접히는 부분의 모발이 꺾이지 않도록 주의한다.

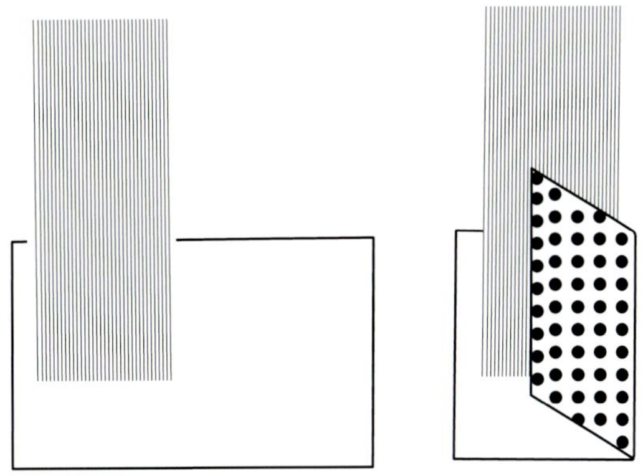

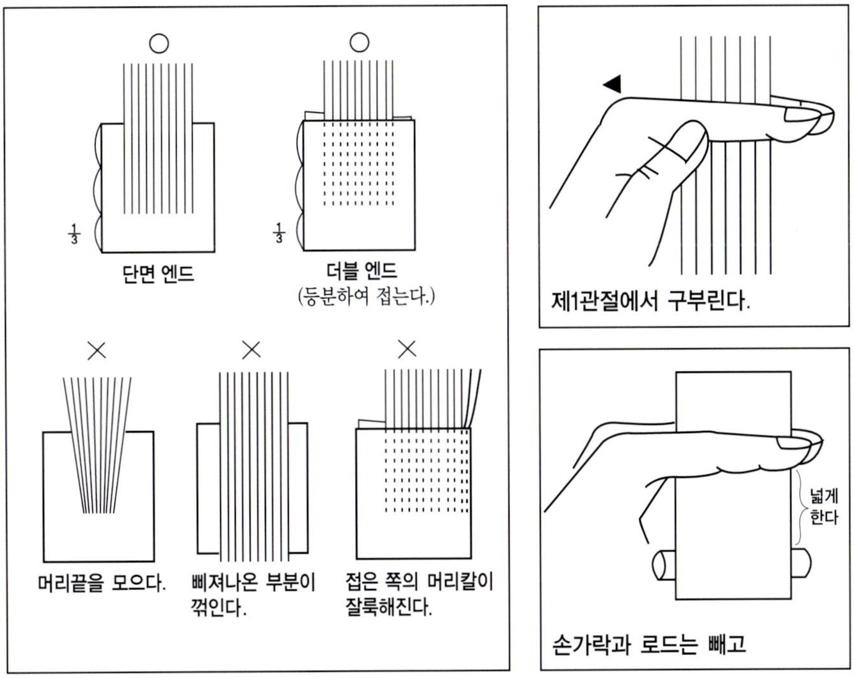

| 페이퍼 대는 방법 |

(5) 모발 끝의 상태

원통형의 로드를 사용할 경우 스트랜드의 폭을 넓혀가면서 와인딩한다.

① 스트랜드를 한 쪽으로 너무 모아서 말면 양쪽의 넓어짐이 없어 양쪽 끝이 느슨해지거나 비틀어져 제1액이 균일하게 작용하지 않고 얼룩이 생긴다.

①-1

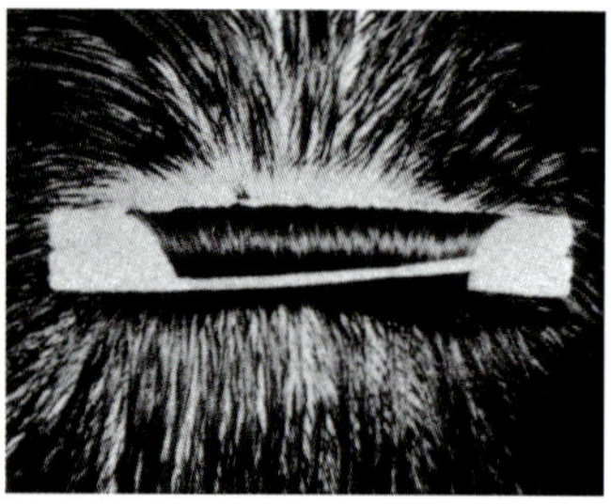
①-2

② 일정한 폭의 스트랜드를 양쪽으로 넓혀서 와인딩하면 균일한 텐션으로 균일한 웨이브를 얻을 수 있다.

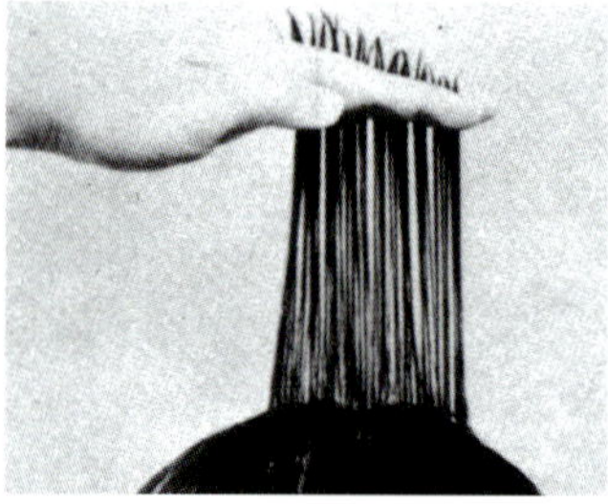
②-1

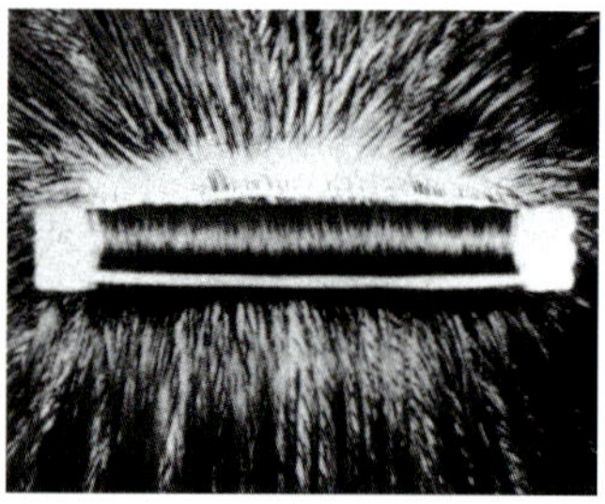
②-2

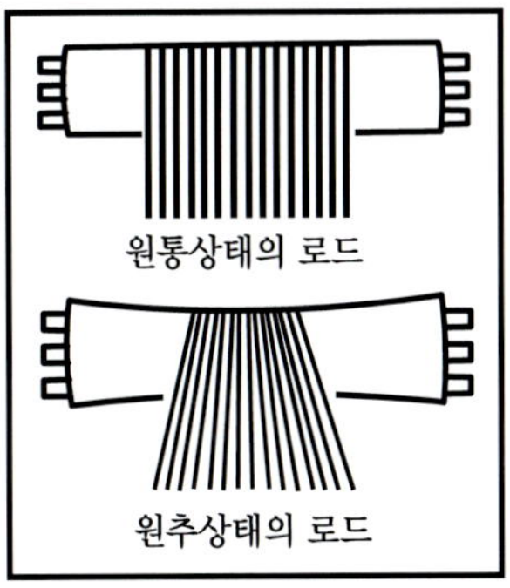

| 로드와 머리끝 말이 방법 |

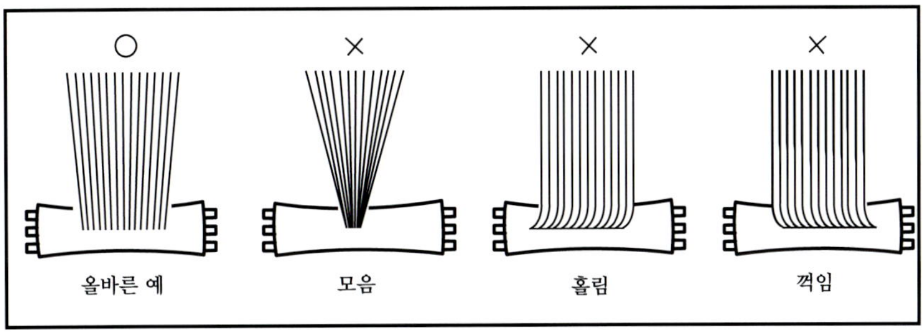

| 와인딩 시 모발 끝의 상태 |

참고

• 블로킹과 베이스 섹션

– 블로킹(Blocking) : 두상을 크게 나누는 것
– 베이스 섹션(Base Section) : 블로킹 된 부분을 좀 더 세밀하게 나누는 것

• 와인딩 기법

– 크로키놀식 와인딩 : 모발 끝부터 두피 쪽으로 와인딩 하는 기법
– 스파이럴식 와인딩 : 두피 쪽에서 모발 끝쪽으로 와인딩 하는 기법
– 압착식 : 압착식 기구를 사용하여 웨이브를 형성시키는 방법

01 미용사 자격증 실기시험 퍼머넌트 개요

준비 사항

위그, 마네킹, 홀더, 분무기, 로드(6호, 7호, 8호, 9호, 10호), 브러시, 꼬리빗, 고무밴드, 엔드 페이퍼, 수건

1) 기본 준비 요령

퍼머넌트 와인딩 시술 전에 준비물을 깨끗하게 정리하여 둔다.

① 가발이 민두에 잘 부착되었는지 재점검한다.

② 퍼머넌트 와인딩 시술에 편리하도록 가발 전체에 물을 알맞게 적셔 빗질하여 놓는다.

③ 시술 요령과 주의할 사항을 다시 한 번 재점검한다.

④ 제시된 문제에 의문 사항이 있으면 충분히 질문하여 검토한다(잘못 이해하여 상이한 작품을 시술한 경우 오작 실격됨).

⑤ 제시된 퍼머넌트 와인딩 유형에 알맞은 블로킹을 하여야 한다.

⑥ 블로킹은 빠르고 정확하게 하여 다음 동작으로 부드럽게 연결되어야 한다.

2) 와인딩 순서 및 요령

① 제시된 퍼머넌트 와인딩 스타일에 알맞게 와인딩한다.

② 와인딩 기술은 너무 강하지 않게 약간 느슨하면서 일률적으로 감는다.

③ 모발을 너무 세게 감으면 모발이 상하거나 퍼머넌트 웨이브제가 골고루 스며들지 않으므로

웨이브 형성이 어렵게 된다.

④ 블로킹한 각 부위를 순서 및 요령에 맞게 세분화하여 규격에 맞는 로드로 와인딩한다. 로드의 규격은 두부에 따라 네이프는 소형, 크라운의 하부에서 사이드에 걸쳐서는 중형, 톱에서 크라운의 앞부분에 걸쳐서는 대형의 로드를 사용한다.

⑤ 세분화하여 작게 뜬 부위를 90도로 빗질하여 페이퍼를 모발 끝에 대고 감싼다. 이때 모발 끝이 감싼 페이퍼 밖으로 나오지 않도록 하며, 모발 끝을 모으지 않도록 주의한다.

⑥ 와인딩할 로드를 페이퍼로 감싼 부위에 대고 모발 끝이 꺾이지 않도록 하면서 와인딩한다.

⑦ 와인딩 시 스트랜드가 좌우 어느 쪽으로도 치우치지 않도록 가운데로 와인딩하며, 이때 두피에 대해 일정한 각도를 유지하면서 와인딩한다.

⑧ 와인딩 시 짧은 모발이 빠졌을 때 손가락으로 감싼 뒤 빗으로 로드에 밀착시키면서 와인딩한다.

⑨ 스트랜드의 모발이 로드에 와인딩이 되었으면 고무줄로 고정시킨다. 고무줄은 로드 폭의 지름을 지나는 형으로 11자가 되도록 나란하게 평형을 이루도록 한다. 이때 페이퍼가 밖으로 나오지 않도록 하여야 하며 와인딩 폭과 배열이 일정하도록 한다.

⑩ 작업 순서에 있어 와인딩 순서 및 슬라이스 간격, 로드의 규격, 로드의 배열, 고무줄의 배열이 서로 조화가 잘 되도록 한다.

3) 슬라이스, 빗질, 로드의 배열, 각도, 고무밴딩, 텐션

① 슬라이스는 로드의 지름만큼 적정량을 뜬다.

② 슬라이스의 양이 너무 많으면 로드의 간격이 벌어지고, 슬라이스의 양이 너무 적으면 로드가 서로 포개질 수 있으므로 주의한다.

| 베이스 폭의 무시 |

③ 빗질은 모근에서부터 하여 흐트러짐이 없도록 정성을 들여야 한다.
④ 빗질은 두피에서 직각이 되도록 빗등이 슬라이스의 밑부분에 있도록 균등하게 빗질한다.
⑤ 정성들여 빗질한 모발은 손가락으로 고정시킬 때도 일정한 텐션을 주어 로드에 와인딩된 모발이 균일하게 되도록 한다.
⑥ 두피와 모발의 각도가 정확하고 고무줄이 11자가 되도록 한다
⑦ 와인딩 시 텐션은 처음에는 강하고 탄력 있게, 두피 가까이 와서는 연하고 부드럽게 주어 모발이 균일하게 분포되도록 한다.
⑧ 슬라이스의 적정량, 빗질의 숙련도, 로드의 간격이 일정하고 배열이 알맞게 되도록 한다.
⑨ 두피와 모발의 각도, 고무밴딩 기법, 텐션이 잘 조화되도록 한다.
⑩ 와인딩할 경우 정확하고 신속하게 신중을 기한다.

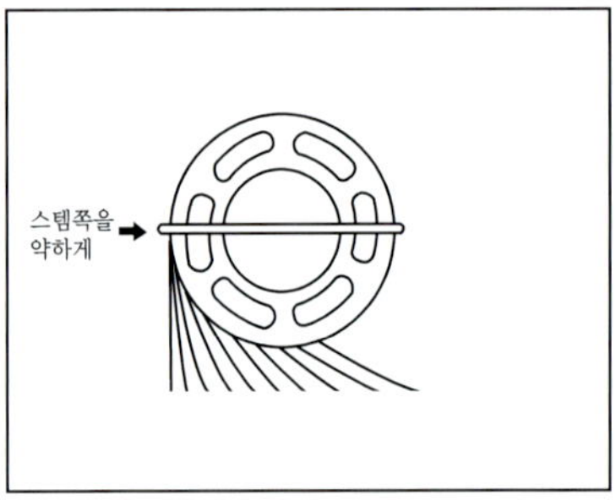

| 고무줄의 텐션 |

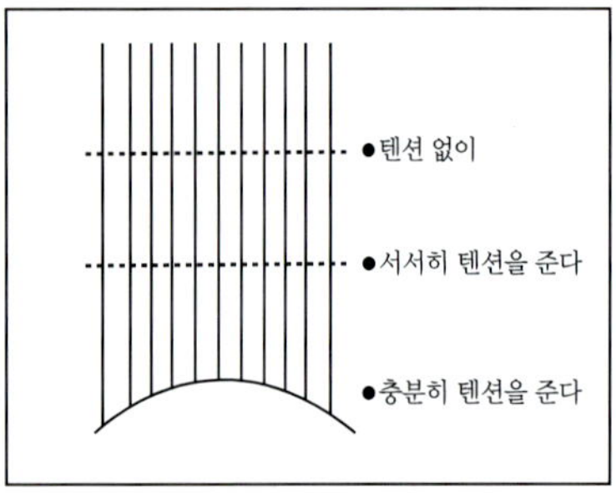

| 텐션을 가해주는 법 |

4) 전체적인 조화

① 퍼머넌트 와인딩 시 슬라이스의 양, 텐션, 각도, 로드의 배열, 고무밴딩이 정확해야 한다.
② 전체적인 균형미, 조화미가 있어야 한다.
③ 일반적인 로드의 개수는 60~65개 활용, 보통의 경우 55개 이상 사용하여야 한다.
④ 전체적인 조화미가 부족하거나 미완성 작품일 경우 감점 처리되므로 주의한다.

5) 마무리 요령

① 시간이 종료 되었을 때 모든 동작을 중지하고 작품을 만지지 않도록 한다.
② 시험 감독관의 지시에 따르고 정리가 끝나면 다음 시술을 준비한다.

02 미용사 자격증 실기시험 퍼머넌트 유형별 출제 방법

1. 퍼머넌트 웨이브의 노가르마 A형 9등분

1) 블로킹 시 주의할 점

블로킹이란 와인딩을 정확하고 쉽게 행하기 위한 작업으로 모발 전체를 와인딩하기 좋도록 구분하여 나누는 것을 말한다.

① 모발 전체에 물 스프레이를 이용하여 적당한 물기를 주어 빗질을 한다.

② 블로킹 순서에 의해 전두부 부분부터 하는데, 좌우의 폭은 로드 길이의 8할 정도로 균일하게 나누고 앞뒤의 폭은 센터 중앙의 돌출 부분부터 로드의 폭만큼 나누어 고무줄로 묶는다. 이때 모양이 기울어지지 않고 정확하여 일그러지지 않도록 한다.

③ 먼저 오른쪽 사이드를 앞 모양의 기울어짐처럼 블로킹하여 위, 아래의 폭이 비슷하도록 나눈다. 이때 직선으로 나누면 위, 아래의 폭이 틀려져 전체적인 와인딩에 문제가 생긴다.

④ 왼쪽 사이드도 오른쪽 사이드와 같은 방법으로 나눈다.

⑤ 크라운 부분은 톱 부분의 연장으로 정방형으로 나누어 묶는다.

⑥ 백 중앙은 크라운 부분의 연장선에서 네이프에서 약 4㎝ 정도 올라온 선까지의 장방형으로 나눈다.

⑦ 네이프 중앙 부분은 백중앙 양옆의 연장선에서 연결하여 고무줄로 묶는다. 이때 네이프선이 좁기 때문에 밑부분의 양옆이 약간 좁게 되도록 한다.

⑧ 오른쪽 백 사이드는 이어 포인트를 향하여 사선으로 연결하여 나누어 고무줄로 묶는다.

⑨ 왼쪽 백 사이드는 오른쪽과 같은 방법으로 나눈다.

⑩ 오른쪽, 왼쪽 네이프는 네이프 중앙에 의해 각각 분리되어 고무줄로 묶으면 된다.

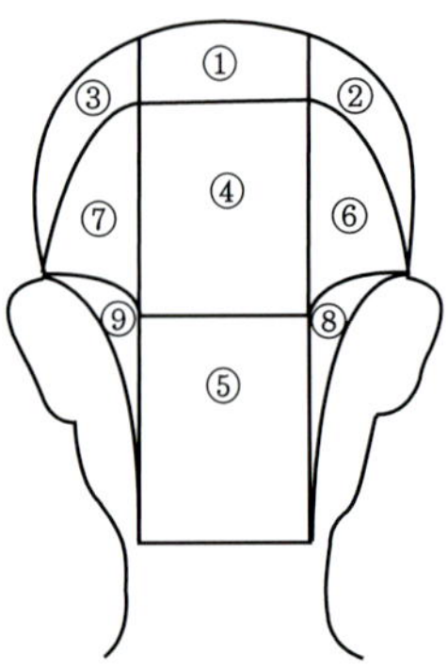

| 블로킹 순서 |

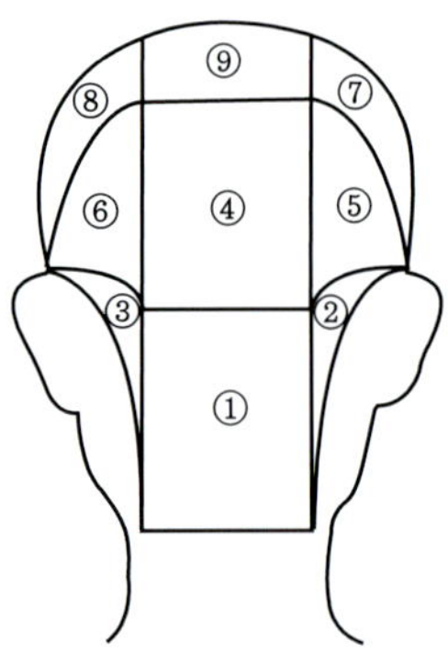

| 와인딩 순서 |

| 로드의 배열 |

로드의 수 / 와인딩순서	6호	7호	8호	9호	10호
①				2	2
②				2	2
③				2	2
④	8	3	2(3)		
⑤	2	3	2(3)		
⑥	2	3	2(3)		
⑦	2	3	2(3)		
⑧	2	3	2(3)		
⑨	6				

2. 퍼머넌트 웨이브의 노 가르마 A형 10등분

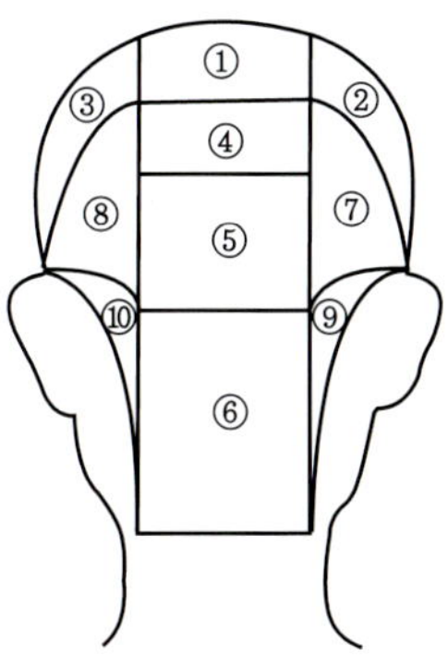

| 블로킹 순서 |

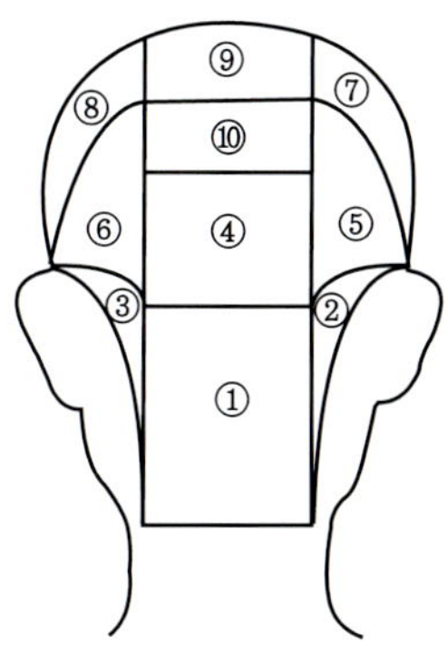

| 와인딩 순서 |

| 로드의 배열 |

와인딩순서 \ 로드의 수	6호	7호	8호	9호	10호
①				2	2
②				2	2
③				2	2
④	2	3	2(3)		
⑤	2	3	2(3)		
⑥	2	3	2(3)		
⑦	2	3	2(3)		
⑧	2	3	2(3)		
⑨	6				
⑩	6				

3. 퍼머넌트 웨이브 왼쪽 가르마 5등분

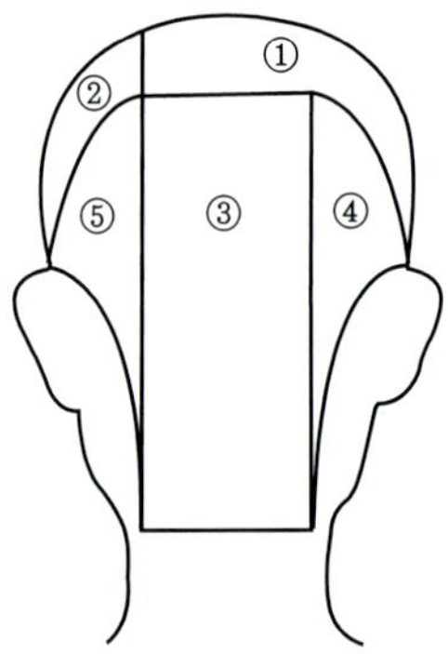

| 블로킹 순서 |

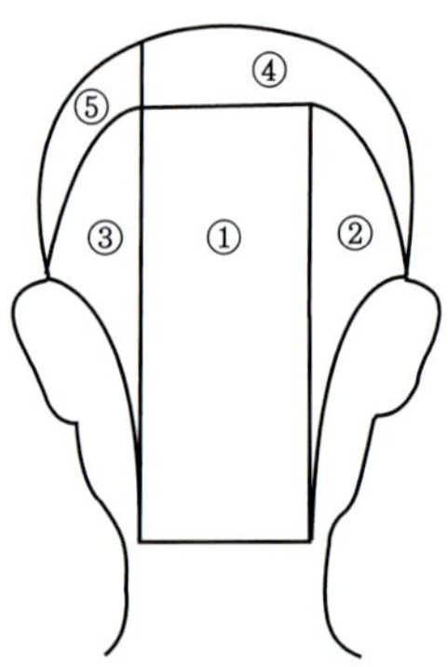

| 와인딩 순서 |

| 로드의 배열 |

로드의 수 / 와인딩순서	6호	7호	8호	9호	10호
①	8	3	2	2	2
②	2	3	2	2	2
③	2	3	2	2	2
④	8	3	2		
⑤	2	3	2		

4. 퍼머넌트 웨이브 오른쪽 가르마 5등분

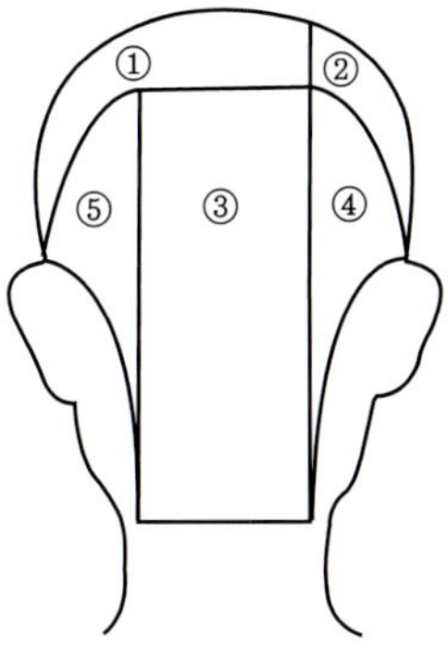

| 블로킹 순서 |

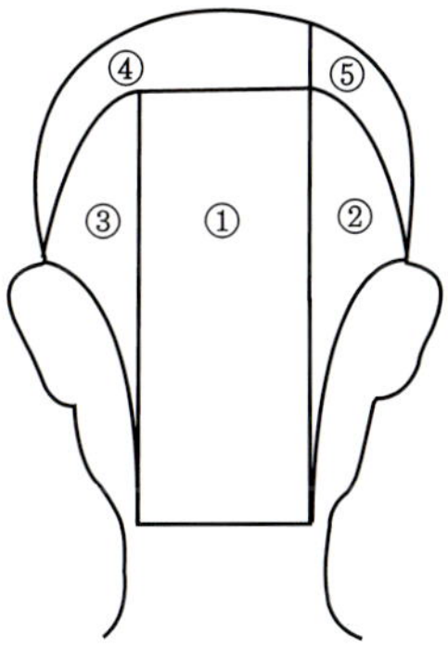

| 와인딩 순서 |

| 로드의 배열 |

로드의 수 / 와인딩순서	6호	7호	8호	9호	10호
①	8	3	2	2	2
②	2	3	2	2	2
③	2	3	2	2	2
④	8	3	2		
⑤	2	3	2		

5. 퍼머넌트 웨이브 가운데 가르마 5등분

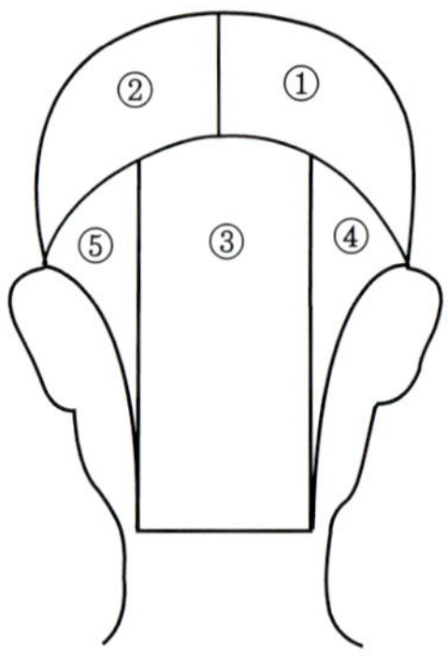

| 블로킹 순서 |

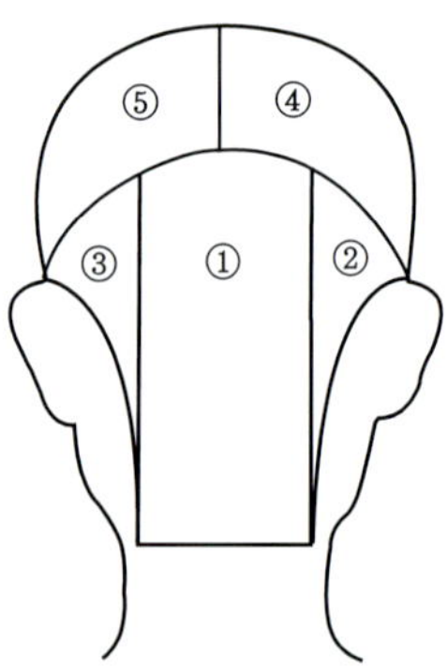

| 와인딩 순서 |

| 로드의 배열 |

로드의 수 / 와인딩순서	6호	7호	8호	9호	10호
①	8	3	2	2	2
②	2	3	2	2	2
③	2	3	2	2	2
④	5	3	2		
⑤	5	3	2		

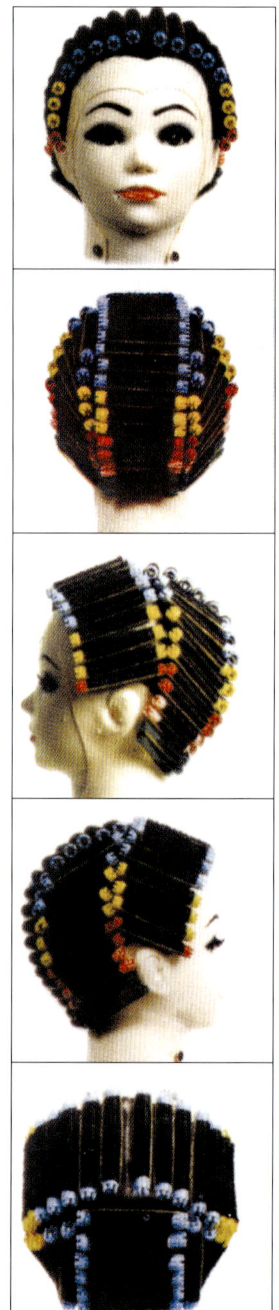

Hair perm wave DESIGN

PART-Ⅱ

CHAPTER

01 모발관리와 모발 분석

1. 모발에 따른 관리

(1) 중성 모발

모표피가 최소 8~10겹 이상으로 단단하고 윤기와 탄력이 있고, 화학제품이나 물리적인 손상을 받지 않은 건강모의 상태를 말한다.

1 샴푸 관리

일반적인 경우 체온과 비슷한 36℃ 정도의 미지근한 물로 샴푸하며, 펌이나 염색을 했을 경우 산성 샴푸와 린스를 사용한다. 샴푸 도중 모발끼리 비비거나 하는 등의 지나친 마찰을 피하고 타월로 모발을 감싸 두드려 물기를 제거한다. 드라이어로 건조시킬 경우 모발을 들어 두피에서 10~15㎝ 정도 떨어진 곳에서 가볍게 털어 말린다.

2 영양 관리

자극성이 있는 음식이나 수면 부족 현상이나 스트레스 등을 피하고 규칙적인 식사와 균형 있는 식단, 적당한 운동으로 건강한 모발을 유지·관리한다.

(2) 지성 모발

샴푸 후 3~7시간 지나면 두피의 피지 과다로 유분이 많이 유출되므로 청결한 두피 및 모발관리가 이루어져야 한다. 두피관리가 제대로 이루어지지 않을 경우 지루성 피부염 유발과 지성 비듬이 모공에 쌓이게 되면 모발 성장을 억제할 뿐만 아니라 지루성 탈모가 일어날 수 있다.

1 샴푸 관리

모발에 엉켜있는 때와 먼지를 가볍게 브러싱하여 털어낸 후 37~39℃ 정도의 미지근한 물과 세정력이 강한 샴푸로 애벌 샴푸와 본 샴푸를 한다. 애벌 샴푸는 모발의 유분과 때를 제거하여 가볍게 자극하여 헹구어내고, 본 샴푸는 애벌 샴푸 세정제의 절반 정도를 사용하며 모발과 두피에 남은 때, 오염물과 세정제의 찌꺼기를 깨끗하게 제거한다. 모발을 타월로 물기를 닦아내고 두피 전체에 양파즙 또는 레몬즙을 두드리듯 가제에 묻혀 골고루 펴 바른 후 15~20분 정도 경과 후 헹구어 내면 두피 청결과 가려움증 해소에 효과가 있다.

2 영양 관리

수용성 비타민 B_1, B_2, B_6와 현미, 우유, 채소류, 곡류 등을 섭취한다. 특히 비타민 B_6가 부족하면 피지분비를 촉진시킨다.

(3) 건성 모발

두피에 피지 분비가 원활하게 촉진되지 않으며, 모발의 케라틴이 많이 손상되어 모발에 윤기가 없고 잦은 염색이나 탈색, 퍼머넌트, 드라이 등의 외부 압력이나 열기구 등으로 푸석푸석한 상태를 말한다.

1 샴푸 관리

간격이 넓은 빗으로 가볍게 브러싱을 한 다음 미지근한 물을 이용하여 약산성 샴푸와 린스로 깨끗하게 샴푸하고 물기를 타월로 제거한다. 단백질 성분의 트리트먼트제를 모발에 도포한 후 스티머를 이용하여 10~15분 정도 경과한 후 35~37℃ 정도의 미지근한 물로 헹구어준다.

2 영양 관리

주로 비타민 A, B, E, 요오드(I), 단백질 성분이 함유된 신선한 채소나 과일, 해초류, 견과류, 곡류, 생선, 육류 등을 골고루 섭취하는 것이 좋으며 햄, 베이컨, 커피, 콜라, 햄버거 등의 인스턴트식품이나 기름기가 많은 음식은 피하는 것이 좋다.

(4) 곱슬 모발

곱슬 모발의 주원인은 유전적인 체질에서 오는 것으로 해부학적으로 볼 때 직모와 달리 횡단면은 납작한 타원형이고, 모낭과 모근이 구부러져 있는 형태이다. 물결 모양의 파상모라고도 하며 마찰에 약하고 일시적인 직모는 가능해도 영구적인 직모는 불가능하다.

1 샴푸 관리

곱슬이 심할수록 넓은 빗으로 브러싱을 해주고 산성 샴푸와 린스를 사용하며, 모발에 마찰 손상을 줄일 수 있는 트리트먼트, 에센스, 헤어리큐드 등을 사용하여 충분히 지속적인 관리를 해야한다.

2 영양 관리

곱슬 모발은 윤기가 없어 대부분 건성 모발에 속한다. 모발의 굵기도 가는 경향이 많으므로 비타민 A, D, F, 요오드 등이 함유된 음식을 섭취해야 한다. 음식물로는 버섯, 산나물, 당근, 호박, 버터, 해초류, 육류 등이 좋다.

(5) 탈모성 모발

유전적 체질이나 갑상선 호르몬의 결핍으로 모구부의 신진대사, 기능 저하, 두피 긴장에 의한 혈류장애, 영양장애, 내분비 질환, 스트레스, 약물 부작용, 피지분비 과다 등으로 인해 발생되는 모발이다.

1 샴푸 관리

규칙적인 청결한 샴푸를 하며 끝이 둥근 나무 브러시로 가볍게 두피를 두드려주며 신경자극를 주어 혈액순환을 원활하게 한다. 석유화학계 샴푸를 사용했을 경우 10회 이상 헹구어내며 중성 샴푸와 린스를 사용하고 물기를 제거한 후, 두피의 모공을 이완시킬 수 있는 모발 성장 촉진용 트리트먼트를 두피에 적당량을 고루 도포한 후 손가락 끝으로 가볍게 누르고 두드리며, 계속 반복 시술을 5~10분 동안 스켈프 트리트먼트 마사지를 한다.

2 영양 관리

양질의 동물성 단백질과 비타민 B, E 등이 함유된 음식을 섭취하고, 적당한 운동으로 산소 공급과 신진대사 및 혈액순환에 도움을 주는 것이 좋다. 단, 자극성 있는 음식과 기름지고 짠 음식 등은 피하고 육류, 어류, 달걀, 맥아, 효모, 시금치 등이 좋다.

2. 샴푸 시술 방법

(1) 샴푸 전 준비 단계

① 보호용 가운이나 수건 준비

② 모발과 두피 상태를 분석하고 샴푸제 선정

③ 상담을 통해 어느 미용 단계나 시술를 위한 샴푸인지 판단하고 분석

④ 고객의 편안한 마음 자세를 위해 지시 사항이나 대화 유도

(2) 샴푸대와 의자 위치 설정

① 샴푸대와 의자는 다음 고객을 위해 항상 청결하게 준비

② 의자 등받이를 완전히 눕히고 등받이가 샴푸대보다 약간 높은 것이 편안한 자세

③ 목받이 부근에 압력이 가해지므로 충격 완화 쿠션 설치

④ 샴푸볼과 의자 사이 조절(고객의 신체를 고려)

(3) 고객의 자세

① 스커트를 입은 고객을 위해 무릎 수건으로 긴장을 완화

② 고객의 어깨보를 한 손으로 받치고 다른 손으로 목을 받치며 '누우십시오' 라는 말과 함께 고객 누이기

③ 샴푸볼에 목을 편안하게 대고 모발 정리

④ 고객의 머리, 목, 등이 일직선상이 되도록 하고 거즈나 수건으로 얼굴 가리기

⑤ 고객의 자세가 편안한지 대화 유도

(4) 샴푸제 도포와 방법

① 샴푸 전 모발 전체에 물을 적신다. 이때 두피 상태에 따라 지성 두피인 경우 따뜻한 물로, 건성 두피인 경우 미지근한 물로 조절한다.

② 샤워기가 고객 두피나 옷에 걸리지 않도록 주의한다.

③ 샤워기는 손과 일직선상으로 잡고 고객의 얼굴에 물이 튀지 않도록 두피 가까이에 댄다.

④ 귀에 물이 들어가지 않도록 다른 손으로 귀를 막아준다.

⑤ 네이프는 손을 받치고 샤워기의 물이 들어가지 않도록 밀착시키며 이때 목을 너무 들면 물이 목뒤쪽으로 들어간다.

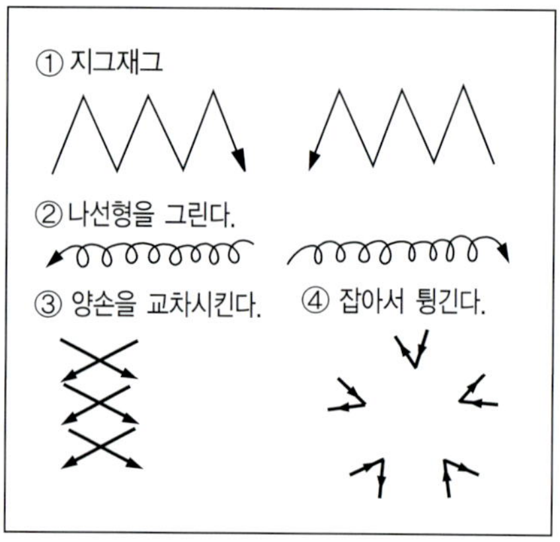

| 샴푸의 기본 동작 |

⑥ 받쳤던 목 부위는 무리가지 않게 살짝 샴푸볼에 대고 샤워기 물은 잠근다.

⑦ 모발의 길이나 상태에 따라 샴푸제를 선정하고 적당량을 손바닥에 덜어 거품을 낸다.

⑧ 모발의 측두부, 후두부, 전두부에 거품 낸 샴푸제를 도포하고 모발 전체를 손가락을 회전하면서 거품을 낸다. 이때 동작은 크게 한다.

⑨ 손가락 검지, 중지, 약지를 이용하여 지그재그 방식, 나선형 방식, 교차 방식으로 모발 측두부에서 전두부로, 측두부에서 후두부 방향으로 구석구석 지문을 이용하여 동작을 마무리한다. 이때 강약으로 조절하며 고객에게 샴푸 상황이 어떤지 확인한다.

⑩ 굴곡진 귀 뒷부분이나 네이프에 세심하게 신경을 쓴다.

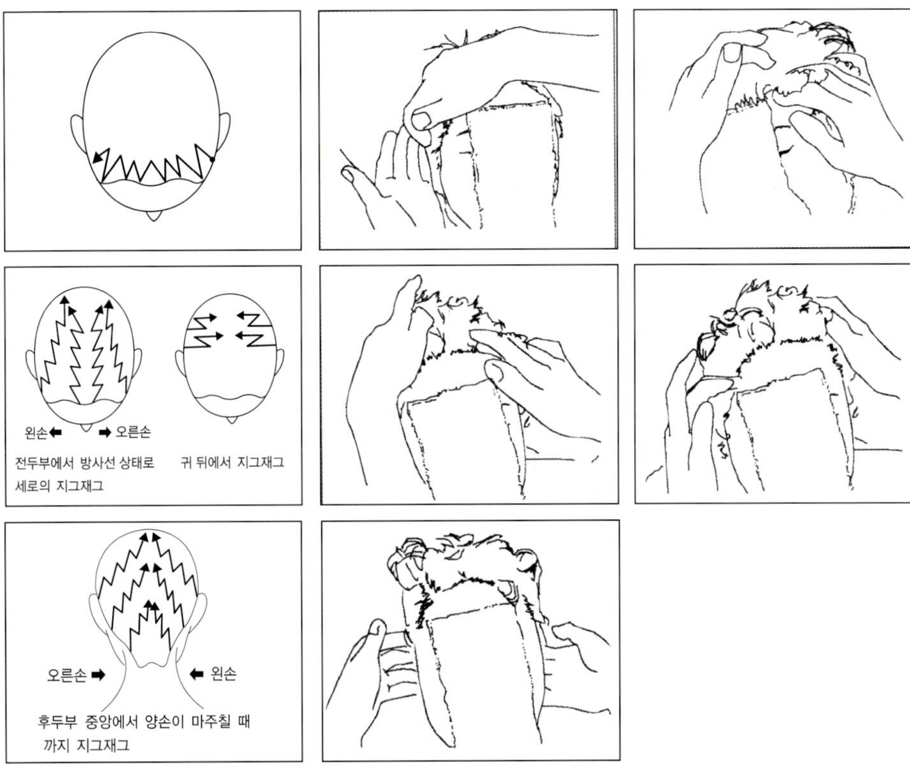

| 샴푸 테크닉 Ⅰ |

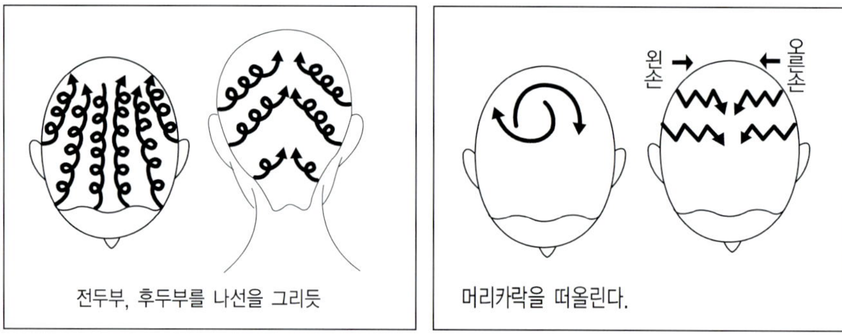

| 샴푸 테크닉 II |

(5) 헹구기

① 샤워기의 노즐을 잡고 수압과 수온을 조절한다.

② 먼저 시술자 손의 거품을 헹구어낸 후 고객의 헤어라인 부근을 손으로 정리하면서 밀착시켜 헹구어낸다.

③ 전두부 → 두정부 → 측두부 → 후두부 → 백포인트 쪽을 향해 절도있게 신속하게 헹구어 낸다.

④ 특히 네이프 부분은 탭핑으로 세심하게 헹구어 고객이 만족할 수 있게 한다.

(6) 린스제 도포와 방법

① 샤워기 물을 잠그고 적당량의 린스를 손바닥에 덜어 모발 끝과 후두부를 먼저 도포하고 두피에 닿지 않게 하며, 전두부에는 가볍게 터치하고 가볍게 튕기듯이 마사지해 준다.

② 린스제가 모발과 두피에 남지 않도록 깨끗하게 헹구어낸 후 두피를 가볍게 눌러 물기를 어느 정도 제거해 준다.

(7) 타월 드라이

① 고객이 누운 상태에서 손으로 물기를 가볍게 제거하여 준다.

② 어깨에 두른 수건을 얼굴 위쪽으로 가볍게 당겨 수건을 목에 밀착시키고, 수건을 양쪽 귀 뒤로 빼서 Center Point 지점에서 맞닿아 약간의 텐션과 함께 엇갈려 준다.

③ 한쪽 손은 Center Point 부근의 수건을 손가락으로 밀착시켜 물기가 흐르지 않도록 하며, 다른 한 손으로는 후두부를 받치며 '수고하셨습니다' 라는 인사를 건넨다.

④ 고객이 의자에 앉을 때 모발 전체에 수건을 감싸 매듭을 짓고, 네이프 부분에 물이 흐르지 않도록 확인하며 모발의 수분이 흡수되도록 수건을 손바닥으로 지그시 눌러준다.

⑤ 손님의 목덜미와 어깨 부위를 가볍게 마사지하여 정리대 앞으로 안내한다.

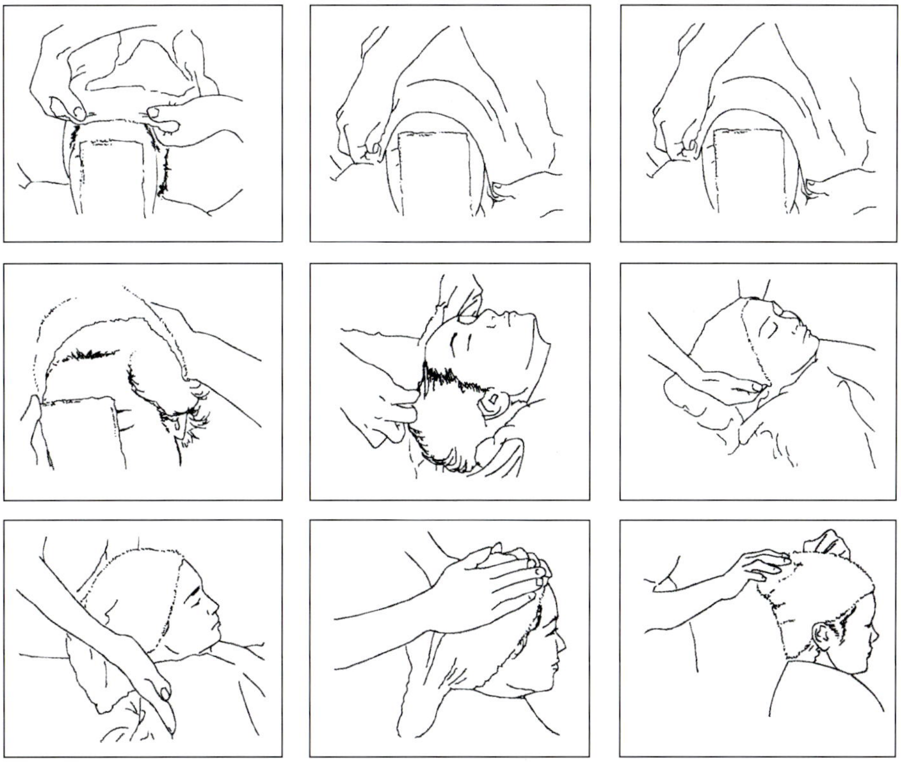

| 타월 감싸기 |

3. 모발 분석

모발 분석은 머리카락에 있는 칼슘(Ca), 마그네슘(Mg) 등의 필수 미네랄과 수은(Hg), 납(Pb), 비소(As) 등의 유해 중금속의 양을 분석하여 인체의 미네랄 밸런스와 유해 중금속의 양을 정량 분석하여 검사하는 방법이다. 모발은 체내 미네랄의 상태나 유해 중금속의 축적 상태를 혈액이나 소변 검사를 비교하여 10~50배의 농도로 알 수 있다. 모발 분석은 의학 분야에서는 주로 중금속 오염에 의한 어린이 성장 부진이나 아토피성 피부염, 집중력이 떨어져 학습능력 저하에 따른 영양 관리 등 유용하게 쓰이고 있다. 또한 우리의 식습관은 음용하고 있는 물에 대한 안전성도 모발 분석을 통하여 평가해 볼 수 있다.

최근에 심각한 환경오염으로 인한 인체의 오염 여부를 파악하여 식생활 개선이나 필요한 보충제를 섭취함으로써 건강을 유지할 수 있는 수단으로 많이 이용되고 있다.

| 중금속과 질병 |

종 류	축적 증상	관련 질환	오염원	해소 식품
납 (Pb)	근육 약화 (어린이의 경우) 심리적 불안 학습능력 저하 (성인의 경우) 폭력적 성향	미나미타병 간질 다발성 경화증	납, 가스 및 연료 페인트, 화장품 염색약, 도자기 담배연기 등	달걀, 통, 양파 마늘, 칼슘 비타민 C, E 등
수은 (Hg)	급성 중독은 사망 불면증, 관절염 우울증, 불안 초조 식욕 상실, 화를 잘냄	미나미타병 간질 다발성 경화증	치과용 아말감 유기수은 살충제 오염된 어패류 수성 페인트 등	달걀, 콩, 양파 마늘, 아연 비타민 C 등
카드뮴 (Cd)	고혈압, 저혈압, 피로 위장장애, 식욕 감퇴 요통, 체중 감소	이타이이타이병 생식기장애 폐기종	페인트, 담배, 물감 배터리, 공장폐수 오염된 어패류 배기가스	비타민 B_6, C, D 칼슘, 아연 등
비소 (As)	권태감, 피로, 두통 근육통, 어지러움 구토, 정신혼동, 설사	고혈압, 피부암 심장기능 저하 피부각질 현상	살충제, 제초제 고엽제, 담배연기 오염된 중국 한약제 배기가스	비타민 B_{12} 엽산, 콜린
알루미늄 (Al)	부갑상선 기능 저하 활성화 면역기능 저하	Alzheimer (노인성 치매)	조리기구 및 용기 화장품 알루미늄 제사제 알루미늄 첨가식품 등	비타민 B_6, C 칼슘, 아연
바륨 (Ba)	구토, 복통, 설사 불규칙한 맥박 경련성 떨림 근육마비	호흡기 관련 질환	윤활제, 유리제조 세라믹, 종이코팅 정제 설탕 등	비타민 D 칼슘, 마그네슘

| 미네랄과 질병 |

종 류	주요 기능	결핍 증상 및 질환	주요 공급원	기타 사항
인 (P)	세포의 성장, 심장 수축, 신장 기능 조절 산과 염기 조절 비타민 이용 도움	성장 저해, 흥분 뼈의 통증, 피로 호흡 불규칙, 떨림 체중 변화	곡류, 육류, 우유 유제품	세포 속에 1% 정도로 존재 청량음료 과다 섭취는 인의 흡수 방해
철분 (Fe)	적혈구에 산소 공급 에너지 생산, 신진대사 효소 내 중요 역할	집중력 분산, 당뇨 병, 류머티스성 관 절염, 빈혈, 운동 능력 저하	육류의 간, 살코기, 달걀노른자, 알곡 굴, 녹색 채소 등	육류 과다 섭취는 철 분 과잉으로 동맥경화 증, 혈액 내 산화 유발
망간 (Mn)	혈당 조절, 에너지대사 갑상선호르몬 기능에 관여하는 효소에 효과	시각 이상, 청각 이상, 성장장애 임신 중 결핍 시 태아 운동실조증	해조류, 인삼, 콩 열매류, 달걀노른자	과잉 시 식욕 감퇴 언어장애
코발트 (Co)	DNA의 티아민 합성에 관여	만성피로, 우울증 감각 상실, 빈혈	육류, 달걀, 비타민 B_{12}	
셀레늄 (Se)	지방의 산화 방지 면역기능 향상 심장혈관질환 및 염증성 질활에 효과	심장질환 면역기능 저하 노화, 백내장	해조류, 맥아효모 현미, 양파, 마늘 연어, 닭 등	과량 복용 시 우울증, 신경과민, 구토 등 중 독 증세 나타남 심하면 모발, 손톱이 빠지므로 주의

| 질병 유발 중금속 및 영양 미네랄 |

질 병	중금속	영양 미네랄
성장 지체	알루미늄(Al), 납(Pb), 수은(Hg)	칼슘(Ca), 아연(Zn), 철(Fe), 인(P)
학습장애 & ADHD (주의력결핍 과잉행동장애)	알루미늄(Al), 납(Pb)	아연(Zn), 마그네슘(Mg)
자폐증(Autism)	납(Pb), 수은(Hg)	칼륨(Ca), 마그네슘(Mg), 인(P), 아연(Zn)
아토피성 피부염	알루미늄(Al), 납(Pb)	아연(Zn), 셀레늄(Se)
기형아 & 유산	알루미늄(Al), 카드뮴(Cd), 납(Pb)	칼슘(Ca), 마그네슘(Mg), 철(Fe)
만성피로	헬륨(He), 알루미늄(Al)	아연(Zn), 칼륨(K), 인(P)
탈모 관리	헬륨(He)	망간(Mn), 구리(Cu), 철(Fe), 아연(Zn)

CHAPTER

02 퍼머넌트 웨이브 헤어 디자인의 구성

1. 퍼머넌트 헤어 디자인의 구성 요소

1 형태

커트에 의해 모든 펌 디자인의 기초가 결정된다.

2 질감

직모와 곱슬모에 따른 볼륨의 효과를 파악하고 모발 굵기에 따른 딱딱함, 무게감, 부드러운 질감을 효과적으로 이용한다.

3 컬러

디자인의 결정과 이미지를 결정하며 시선을 집중시킨다.

2. 형태별 디자인 결정 요소

형태와 질감을 정확히 파악하는 것이 성공적인 퍼머넌트 디자인의 필수 요건이다.

(1) 솔리드형(Solid, One Length)

매끄러운 모발 결로 종이나 삼각형 모양의 아웃라인(Out Line)에 가로 확장으로 인한 최대의 무게감이 있다. 대체적으로 풍성한 분위기와 액티베이트한 질감을 원한다.

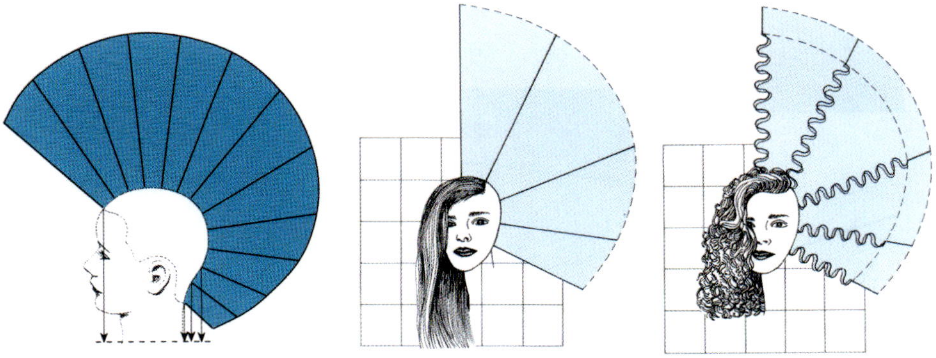

(2) 그래듀에이션형(Graduation)

커트의 콘케이브 경사선에 따라 퍼머넌트 디자인의 길이가 짧아지고 무게선이 달라진다. 무게선의 리지(Ledge)에 따라 위와 아래의 질감이 틀리다.

(3) 유니폼 레이어형(Uniform Layer)

전체의 길이가 똑같은 둥근형으로 퍼머넌트 시술에 따라 길이가 달라 보인다. 가로와 세로 확장형으로 크라운 부분에 활용된다.

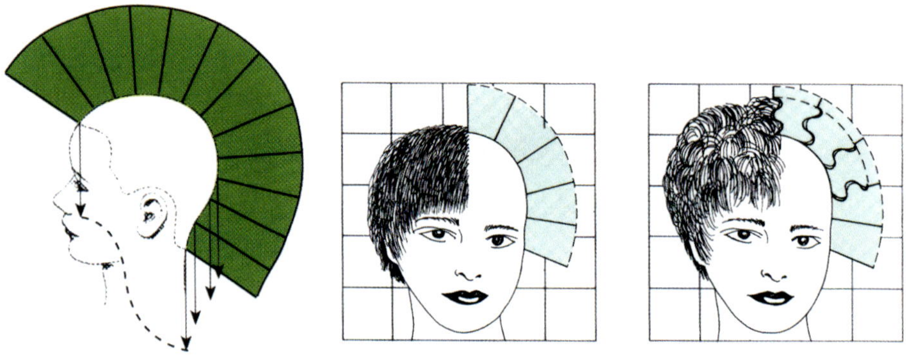

(4) 인크리스 레이어형(Increase Layer)

긴 모발을 유지하면서 네이프 부분의 모발이 길고 톱 부분의 모발은 짧은 레이형으로 인테리어에 볼륨을 원한다. 세로 확장으로 인하여 길이감이 있다.

(5) 혼합형

면 질감이나 형태에 따라 길이를 결정하고 디자인을 결정한다.

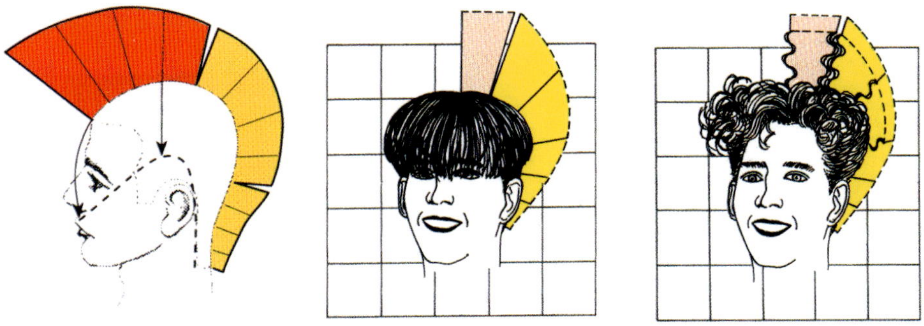

3. 베이스 섹션(Base Section)

1) 퍼머넌트 디자인 베이스 섹션

(1) 직사각형 프론트 중앙이나 백 중앙에 위치할 수 있다.
(2) 삼각형 머리 전체에 위치될 수 있다.
(3) 사다리꼴 탑 부분이나 백 부분과 두부가 만나는 지점에 위치한다.
(4) 오블롱 두부의 어느 부분에서도 위치할 수 있으며, 교차될 때 웨이브가 생긴다.
(5) 원형 반원과 1/4원은 두상의 곡면 부분을 처리하고, 다른 모양들 사이에서 블랜딩을 위해 사용된다.

2) 베이스 크기

(1) 1직경 베이스

퍼머넌트 디자인에서 가장 많이 사용한다. 퍼머넌트 로드의 길이는 베이스의 길이를 결정한다.

(2) 1.5직경 베이스

로드 1개의 직경과 반지름으로 측정된 베이스이다.

(3) 2직경 베이스

로드 2개의 직경으로 측정된 베이스이다.

3) 베이스 처리

베이스에서 기구의 위치, 즉 시술 각도가 로드의 위치에 따라 직접적 영향을 준다.

(1) 온 베이스(On Base)

① 베이스 지지력을 가장 강하게 하는 효과

② 베이스 중앙 위쪽에서 45° 시술각으로 잡는다. 와인딩 시 베이스 바로 위에 놓인다.

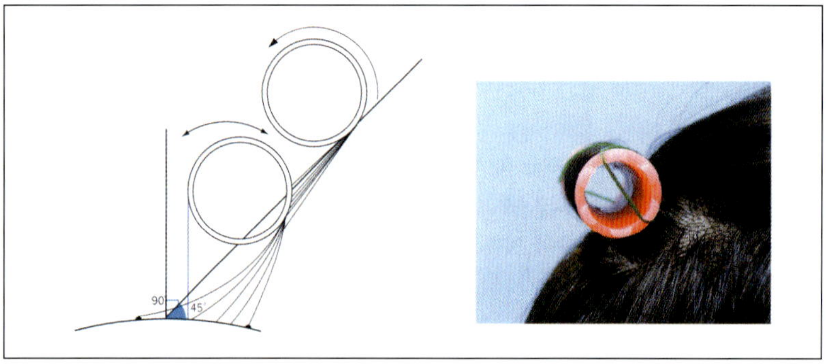

(2) 하프 오프 베이스(Half Off Base)

온 베이스와 오프 베이스의 중간으로 와인딩 시 로드의 절반은 베이스 안쪽에, 절반은 바깥쪽에 위치한다.

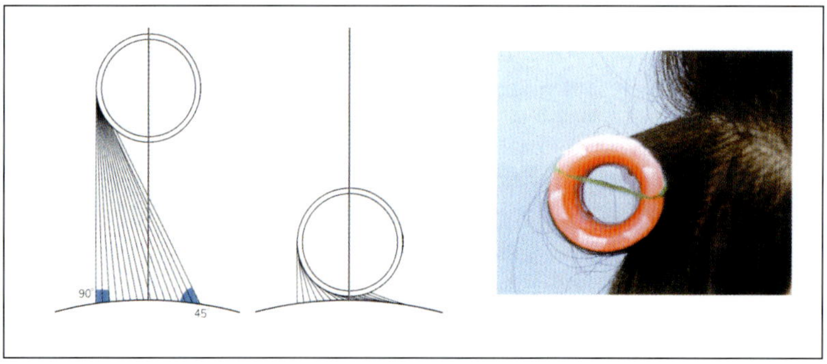

(3) 오프 베이스(Off Base)

베이스의 볼륨을 최소화하며 베이스 중앙 아래쪽으로 45° 시술각으로 잡는다. 펌이 된 부분과 펌이 되지 않은 부분을 연결시키기 위한 효과로 사용한다. 와인딩 시 로드는 완전히 베이스 밖으로 위치한다.

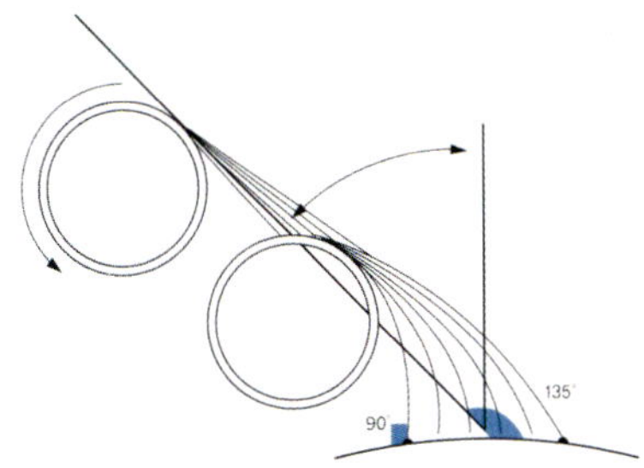

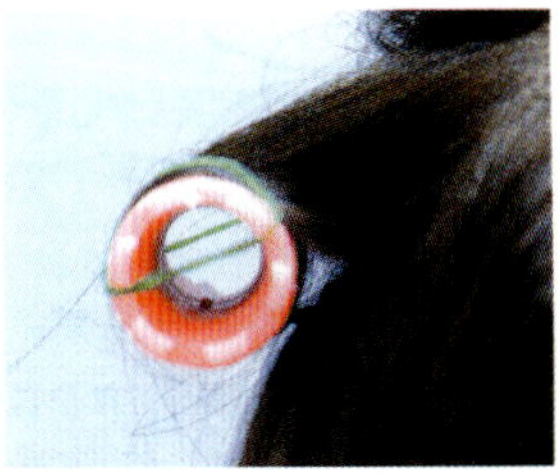

(4) 언더 디렉티드 베이스(Under Directed Base)

1.5 직경 베이스를 사용하며 베이스 중앙에서 90°로 시술각을 잡아준다. 와인딩 시 베이스 아래쪽 부분에 놓이며, 약간의 볼륨이 생긴다.

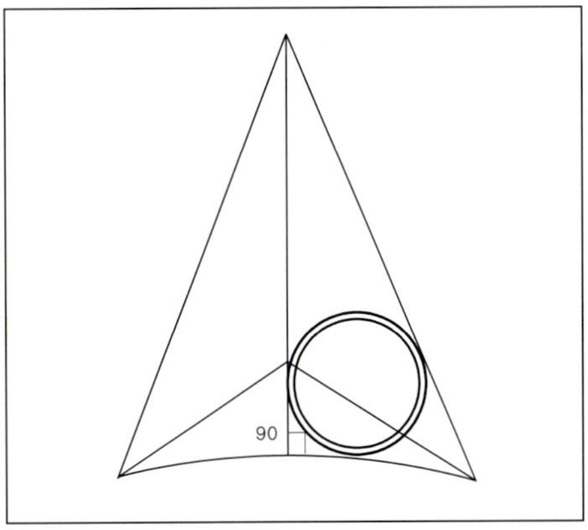

4) 방향 (Direction)

퍼머넌트 디자인의 방향은 모발의 움직임을 알아보기 위해 사용되며, 가장 자주하는 형태로 와인딩하여야 한다. 얼굴을 기준으로 가르마나 볼륨, 디자인 등을 고려하여 뒤쪽, 앞쪽, 위쪽, 아래쪽, 사선 혹은 교대의 움직임을 설정한다.

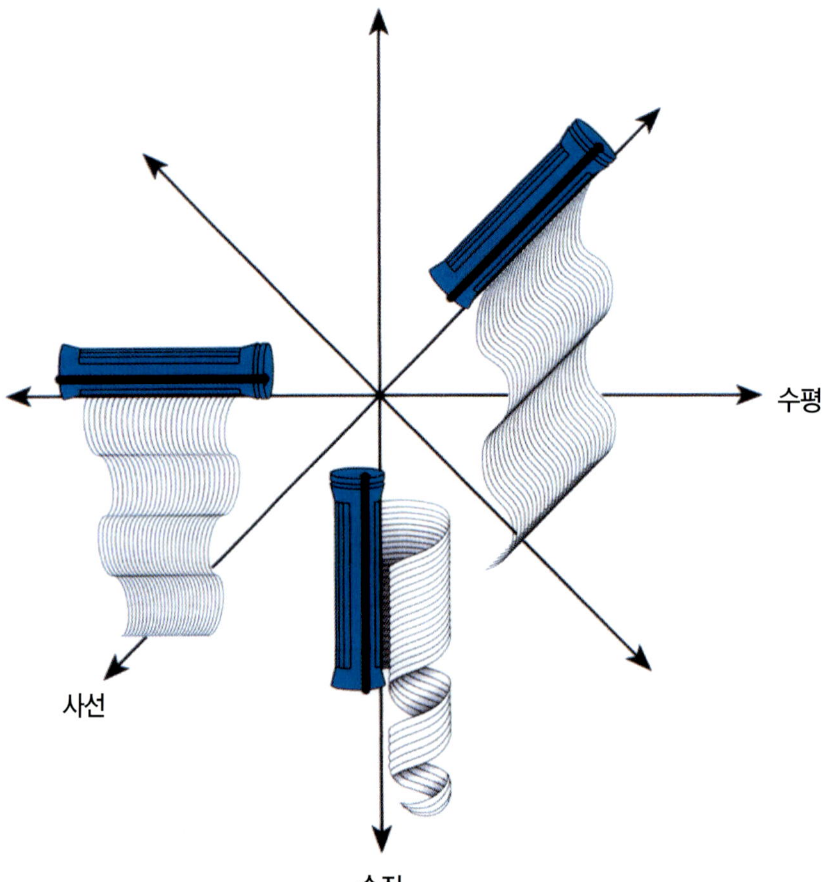

CHAPTER
03 일반 퍼머넌트 웨이브와 시술 과정

1. 도구 및 기구

1) 도구와 제품

이동식 정리대, 고객 시술 가운, 다양한 형태의 로드, 약산성 샴푸와 린스, 고무줄, 엔드 페이퍼, 꼬리빗, 핀셋, 비닐모자, 스틱, 고무장갑, 수건, 헤어밴드, 타이머, 공병, 중화 받침대

2) 전열기구

세팅 펌기구, 디지털 펌기구, 아이론, 히팅 캡, 롤러볼, 적외선기, 미스트로기 등

| 롤러볼 |

| 히팅 캡 |

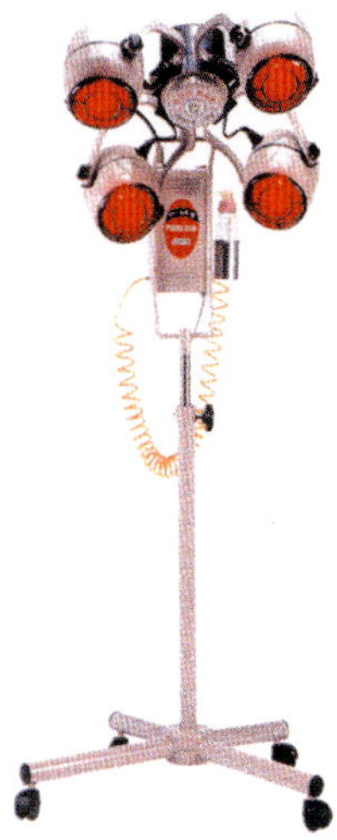

| 적외선기 |

| 미스트로기 |

| 적외선기 |

| 플랫 아이론 |

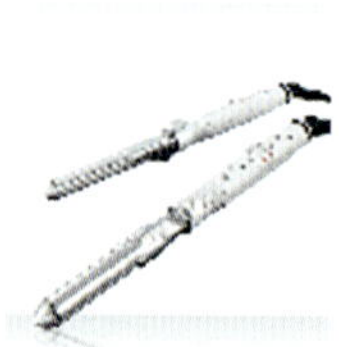

| 아이론 |

| 특수 펌기구 |

| 세팅 펌기구 |

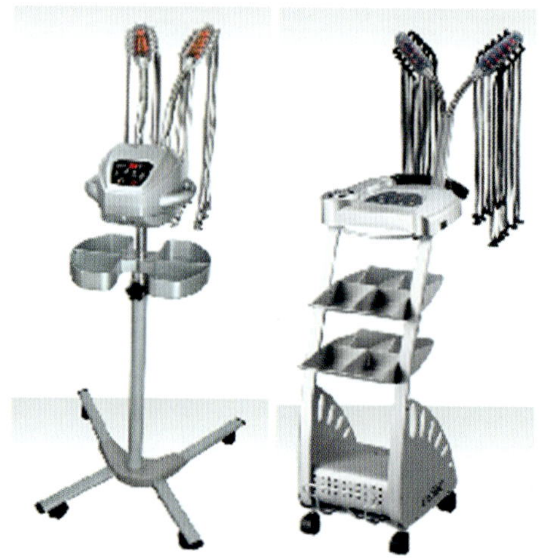

| 디지털 펌기구 |

2. 일반 퍼머넌트 웨이브 시술 순서 및 방법

(1) 모발 및 두피 진단

모발의 손상도, 모발의 굵기, 탄력성, 두피의 상처나 염증, 피지 상태, 펌, 염색, 코팅 여부 등을 진단한다.

(2) 고객 상담(Client Consultation)

고객의 라이프 스타일과 전체적인 분위기를 고려하여 스타일 결정을 한다. 직업, 나이, 얼굴형, 모발의 밀도, 모질, 모발 길이와 모발 상태에 따른 웨이브의 스타일이 달라지므로 모든 것을 감안하여 스타일을 결정하고 고객카드에 기록한다. 고객이 특히 좋아하거나 싫어하는 퍼머넌트 스타일을 체크하고, 퍼머넌트 웨이브나 염색의 횟수와 언제 하였는지 확인한다. 일반 디자인 퍼머넌트인지 특수 퍼머넌트인지 구분하고 모질 분석과 가정에서의 손질 정도와 사용 제품 등을 고려한다.

- 고객의 샴푸 상태
- 두피 및 모질 분석, 특히 체질 점검
- 고객의 건강 상태(임신 중, 수술 후)
- 펌이나 염색 시술의 횟수
- 고객의 기존 펌 스타일에 대한 경험 상담
- 고객의 선호 스타일과 싫어하는 스타일 체크
- 일반 펌과 특수 펌인가를 구별
- 가정에서의 손질 정도와 사용 제품

(3) 프레 샴푸 및 프레커팅

퍼머넌트 웨이브 전 모발과 두피의 유분이나 스타일링제 등 오염이 된 경우에는 샴푸제만을 이용한 프레 샴푸를 실시하며, 두피나 모발에 자극이 가지 않도록 가볍게 하는 것이 원칙이며 린스제는 사용하지 않는다(극손상모는 린스제 사용해도 무방). 퍼머넌트 웨이브제의 침투를 촉진시키기 위하여 약산성 샴푸를 사용하면 모발의 손상도가 약하다. 스타일 결정을 위해 필요한 경우 및 모발 끝이 손상된 경우, 시술 전에 커팅을 하여 원하는 스타일을 보완하는 작업으로 완성한다.

(4) 모발의 건조

타월 드라이를 가볍게 하고 헤어 드라이어로 건강모 90%, 심한 손상모 50% 정도 건조한다.

(5) 헤어 셰이핑

퍼머넌트 웨이브를 시술하기 전에 헤어 셰이핑은 모질, 모량을 고려하여야 하며 테이퍼링(Tapering), 슬리더링(Slithering)을 하게 되면 모표피에 손상을 주게 된다. 퍼머넌트 웨이브 시술 후 시행하는 것이 모발 손상도를 피하는 방법이다.

(6) 퍼머넌트 웨이브제 선정

퍼머넌트 웨이브제는 모질, 모량, 길이, 손상도에 따라 알맞은 퍼머넌트 웨이브제를 선정하고 온도 및 프로세싱 타임, 와인딩 방법을 고려해야 한다.

(7) 로드 선정

로드의 굵기는 원하는 컬, 모량, 모질의 상태, 모발의 길이, 모발의 손상 정도에 따라 로드를 선정한다. 모발 길이와 모발 상태에 따라 웨이브의 굵기와 이에 따른 스타일이 달라지게 되므로 로드 선정을 신중하게 결정한다.

1 모발 길이에 따른 로드 선정

일반적으로 모발 길이에 따라 로드 선정이 결정된다. 모발이 로드에 두 바퀴 반 정도 말려야 에스 컬이 되므로, 한 바퀴는 C컬, 두 바퀴는 S컬, 세 바퀴는 강한 컬을 형성하게 되므로 로드 선정은 고객과 상담 후 결정해야 한다.

2 모발 상태에 따른 로드 선정

가는 모발은 건강한 모발보다 로드 호수를 2호 정도 낮추고, 슬라이스는 건강 모발을 1.5cm를 뜰 때 가는 모발은 2cm 정도로 넓게 떠서 말아야 컬이 지저분하지 않고 자연스러운 컬을 유지할 수 있다.

(8) 프레 트리트먼트

모발 진단 결과 극손상모일 경우 LPP, PPT 등 트리트먼트를 모발 끝에서부터 고루 펴 바르고 물을 충분히 주어 빗질을 한 후, 스티머나 적외선기를 이용하여 10~15분 정도 영양 공급을 한 다음 퍼머넌트 시술에 들어간다.

(9) 와인딩

선정된 로드로 원하는 스타일의 웨이브, 방향감, 볼륨을 고려하여 빠른 시간 내에 와인딩한다. 모발에 따라 텐션을 조절하여야 하며 극손상모는 강한 텐션을 피하며 와인딩한다.

(10) 환원제 도포

염색모, 손상모일 경우 모근에서 약 2㎝ 띄우고 모발 길이의 1/2 정도만 퍼머넌트 웨이브제를 도포하고 나머지 모발 끝은 빗질한 후 와인딩한다. 건강모일 경우 모발 전체에 고루 도포하여 와인딩한다. 두피에는 절대로 퍼머넌트 웨이브제가 묻지 않도록 세심한 주의가 필요하며, 비닐 캡을 씌운다. 만약 퍼머넌트 웨이브제가 두피에 묻게 되면 모근이 꺾여 와인딩 자국이 생기며 모발이 자라는 과정에서 끊어져 나가 결절모가 생겨난다.

(11) 프로세싱

환원제가 모발에 작용하여 팽윤, 연화되는 타임으로 건강 모발은 열기구를 짧게 이용하기도 한다.

(12) 테스트 컬(Test Curl)

원하는 형의 컬이 나왔는지 확인하는 것으로 원하는 웨이브가 약한 경우 C컬, 강한 경우 S컬이 나왔는지 로드를 풀어보아 웨이브의 강약 정도를 확인한다. 손상된 모발일수록 퍼머넌트 웨이브의 탄력이 없으며, 건강모보다 1/5시간 단축하여 테스트 컬을 확인하여 오버타임이 되지 않도록 주의한다.

(13) 중간 린스

환원제의 작용을 멈추고 산화제의 원활한 작용을 위해 미온수로 헹구어낸 후 모발과 두피의 물기를 완전히 제거한다.

(14) 산화제 도포

중화 받침을 대고 로드에 감긴 모발에 산화제를 네이프에서 올라가면서 도포한다. 이 경우에도 두피에 산화제가 흐르지 않도록 하며, 일반적으로 15~20분 두거나 웨이브 형성에 따라 긴 모발이거나 숱이 많은 경우 2번에 나누어 도포하기도 한다.

(15) 로드 제거

로드는 밑에서부터 위로 올라가면서 풀어준다. 이때 고무밴드가 모발에 걸리지 않도록 주의하면서 제거한다.

(16) 린스(Rinse)

두피에 퍼머넌트 웨이브제가 남지 않도록 충분히 헹구어내며 린스나 컨디셔너로 처리한 후 깨끗하게 헹군다. 특히 귓바퀴나 목 부분에 묻은 퍼머넌트 웨이브제를 깨끗하게 제거한다.

(17) 말리기

타월로 모발을 감싸 두드려 물기를 제거하며 드라이어를 이용하여 모발 끝이 아니라 모근쪽부터 물기를 제거한다.

(18) 리세트(Reset)

퍼머넌트 웨이브 상태를 확인하고 원하는 모양으로 정리한다. 애프터 커트가 필요한 경우 커트 후 리셋한다. 열을 이용한 세트인 경우 모발의 손상 및 웨이브 파손이 예견되므로 피하는 것이 좋다. 또한 가정에서의 손질 방법을 시연하면서 설명하고 모발 관리법을 제시하여 준다.

3. 열 펌의 원리

1) 열 펌의 원리

제1액 티오글리콜산이 케라틴 분자의 시스틴 결합을 환원 단절하여 제2액 과산화수소로 산화되는 것에 따라 원래의 시스틴 결합으로 돌아오는 화학 반응이 원리이다.

제1액 알칼리 작용에 의해 팽윤·연화한 후 티오글리콜산의 작용에 의해 시스틴 결합을 단절시킨 후 제1제를 씻어 낸다. 이 상태로 로드에 말아주면 로드 부분에 큐티클 안이 눌리고 반대측 큐티클 안이 열리게 되는데, 이 상태에서 열을 가해 주면 열려 있는 큐티클 사이의 간격에서 수분이 증발하여 수분이 단절된 수소 결합은 재결합하고 수분으로 단절되지 않은 수소 결합은 열로 인해 단절되면서 냉각시켜주면 다시 재결합하게 된다.

수소 결합으로 인해 새로운 컬의 형태가 나오며 제2제의 작용으로 다시 새로운 시스틴 결합을 일으켜 모발은 안정된 새로운 컬의 형태로 되는 것이다.

2) 열 펌의 특징

열 퍼머넌트는 일반적인 펌과는 달리 수소 결합에 의한 펌이다. 블로우 드라이하지 않고도 자연스러운 컬이 완성되며 당일 마무리한 것보다 시간이 지남에 따라 더욱더 확실한 컬을 얻어낼 수 있으므로 일주일 후부터 가장 이상적이고 탄력 있는 웨이브를 4~5개월 동안 유지할 수 있다.

3) 모발에 가하는 텐션

퍼머넌트 와인딩 시 텐션은 머리카락을 일시적으로 한 방향으로 모으는 것이 목적이지만 텐션의 강약에 따라 많은 차이가 있다. 즉, 텐션을 너무 강하게 해서 와인딩하면 컬이 잘 나온다는 생각은 금물이다. 또한 너무 느슨하게 와인딩하면 컬이 늘어지므로 적당한 텐션을 가하여 와인딩해야 하며, 모발 손상도에 따라 텐션의 강약을 조절한다.

참고

수소 결합이란?

수소 결합은 산소와 수소 사이의 잡아당기는 힘에 의해 결합하는 것으로써 모발에 수분을 가해주면 단절되고 수분을 제거해 주면 다시 결합하는 것을 말한다. 즉, 모발에 물을 적시고 모발에 변형을 가해준 상태에서 모발을 건조시키면 변형된 상태를 유지할 수 있는 것이다.

CHAPTER

04 샴푸 · 린스 · 트리트먼트

1. 샴푸의 정의 및 목적

샴푸는 두피나 모발의 세정을 뜻하며, 아름다움을 유지하는 미용 기술의 기초이다.

피지, 땀, 먼지, 표피의 노화각질, 두발 화장품, 미생물 번식 등의 노폐물을 제거하여 모발을 청결하게 유지시키면서 두피에 적당한 자극을 주어 두피의 혈액순환 및 모발의 건전한 발육 촉진과 세균 증식을 막아준다.

2. 샴푸제의 종류

1) 플레인 샴푸

두피나 모발의 더러움을 제거하는 목적의 샴푸를 플레인 샴푸라고 한다. 일반적으로 평소에 행해지는 방법이다.

2) 트리트먼트 샴푸

손상모(염색모, 펌모) 등에 부드러운 감촉과 윤기를 더하고 아름다운 두피와 모발의 건강을 유지하는 샴푸 방법이다.

3) 산성 샴푸

산성 샴푸는 구연산, 린산, 연산 등이 함유된 pH 5~6 정도의 약산성 샴푸로서 염색이나 펌 모발에 시술하면 적당하다.

4) 프로테인 샴푸제

모발에 영양을 공급해 주는 트리트먼트 효과가 있는 샴푸이며, 펌이나 염색으로 손상된 모발에 시술하여 영양을 공급한다.

5) 비듬 제거용 샴푸

두피의 피지분해 산화물, 노화각질층 등이 혼합된 비듬을 제거하는데 사용되며, 제품 속의 유황화합물이 노화각질을 녹이는 작용을 한다. 비듬 상태에 따라 조절하며 1주일에 1~2회 사용한다.

3. 린스의 정의 및 목적

린스는 '헹구다' 라는 의미이며, 샴푸 후 모발에 촉촉함과 매끄러움을 부여하고 모발 표면에 엷은 피막을 형성하며 대전방지 및 건조함을 방지하는 효과가 있다. 빗질이 잘되며 모발을 유성막으로 덮어 광택을 주며 트리트먼트 효과를 주는 제품도 많다.

4. 린스제의 종류

1) 플레인 린스

펌 프로세싱 후 37~40℃의 미온수로 헹구어내는 방법이며 펌 시술 시 환원제를 헹구는 중간 린스를 말한다.

2) 유성 린스

건성 모발에는 샴푸 후 더운물에 올리브유나 동백기름을 몇 방울 풀어 린스를 하면 모발에 피막이 형성되어 윤기가 나며 유연성을 주고 알맞은 수분을 유지시켜 준다.

3) 산성 린스

펌 시술 후 알칼리 등으로 팽윤, 연화된 모발을 중화시켜 손상을 방지하며 탄력을 주거나 윤기가 나며 빗질이 잘된다.

4) 컨디셔닝 린스

손상된 모발에 폴리펩티드, 토코페롤, 레시틴 등이 유분과 수분을 보충해 주고 손상도가 클수록 폴리펩티드는 흡수가 잘되며 유연성이 있다.

5. 트리트먼트

트리트먼트의 사전적 의미는 '처치, 처리'라는 의미이다. 모발 시술 시에는 손상된 모발에 유분과 수분을 보급하고 윤기를 주어 아름다운 모발을 유지할 수 있고, 그 목적에 따라 트리트먼트를 다양하게 할 수 있다. 일반적으로 LPP, PPT, APT, LPT를 포함하며 모발에 부족된 간충물질을 보충해 주는 모발 보호제로 콜라겐 단백질이 모피질까지 침투되어 광택을 부여한다. 모발 표면에 흡착되어 모발을 탄력 있고 부드럽게 만들어 준다.

1) 스켈프 트리트먼트

스켈프 트리트먼트란 두피관리를 뜻한다. 두피를 청결하게 하고 혈액순환을 촉진시키고 생리기능을 높인다. 두피 상태에 따라 모발에 영향이 미치며 건강한 두피는 건강한 모발을 성장시키므로 두피관리의 필요성이 있다.

2) 헤어 트리트먼트

모발에 적당한 수분과 유분을 공급하여 건강한 상태를 유지하여 모발 손상을 보호하기 위해 모발에 영양분의 흡수를 돕기 위해 시술하는 것이다.

CHAPTER

05 얼굴형에 따른 디자인 구성

1. 표준형(계란형) 얼굴

기준은 이마에서 눈썹까지 1/3, 눈썹에서 코끝까지 1/3, 코끝에서 턱끝까지 1/3, 세로가 가로의 약 1.5배이며 이마가 턱보다 약간 넓고, 얼굴 전체 길이가 3등분이 고루 분포되어 있다. 미인형이며 계란형이라고 한다.

펌 헤어스타일 얼굴 윤곽을 최대한 가리지 않는 쇼트, 또는 롱 헤어스타일로 내추럴펌의 웨이브가 어울린다.

2. 원형(둥근형) 얼굴

전두부의 헤어라인과 턱선이 둥굴어 얼굴이 넓게 보이며 가로 길이와 세로 길이의 비율이 1:1 로, 주로 동양사람들이 많다.

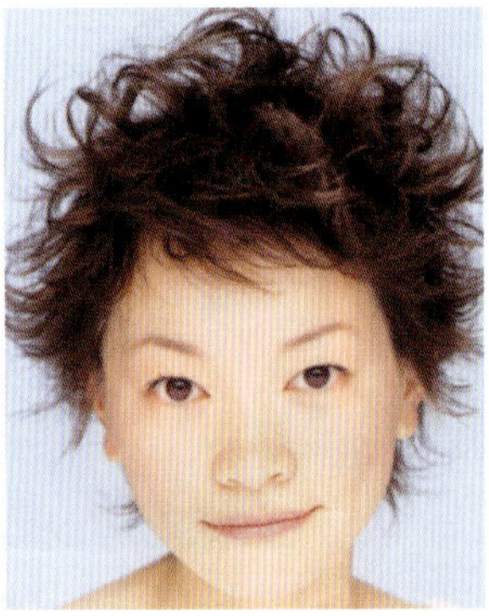

펌 헤어스타일 헤어 파트는 센터 파트를 피하고 6:4 정도의 사이드 파트를 길게 나누는 것이 좋으며 얼굴 사이드 부분은 스트레이트나 C컬 정도의 웨이브와 톱 부분과 크라운 백 포인트 부분을 확장하여 볼륨 있는 펌 웨이브로 네이프 라인은 S컬로 마무리한다.

3. 장방형(긴형) 얼굴

얼굴형이 세로가 길고 가로 폭이 좁아 이마와 턱이 길어 보이며 예민한 인상을 준다.

펌 헤어스타일 헤어 파트는 센터 파트를 피하고 사이드 3/7 정도의 파트를 짧게 나눈다. 전 두부 헤어를 길게 커팅하여 대체적으로 볼륨을 적게 주고 사이드 부분은 풍성한 펌 웨이브를 내추럴하게 주어 후두부 쪽으로도 볼륨을 주어야 한다. 솔리드형이나 그래듀에이션 스타일이 어울린다.

4. 삼각형 얼굴

이마가 좁고 턱이 넓어 보이는 형으로 대부분 관자놀이 부분이 들어가 있어 좁아 보이고, 넓고 강조된 턱 선을 커버해야만 강한 이미지에서 탈출할 수 있다. 전두부 부분은 볼륨을 주어 시선을 처리하고, 턱 선은 강조되지 않도록 볼륨을 최소화한다.

펌 헤어스타일

얼굴이 갸름하게 보일 수 있게 인크리스 레이어형으로 관자놀이 부분을 웨이브로 볼륨을 주고 전체적으로 네추럴한 펌 웨이브로 흐름을 준다.

5. 역삼각형 얼굴

이마가 넓어 보이고 턱 선이 좁은 얼굴형이다. 좁은 턱 선의 이미지는 다소 야위어 보일 수 있으며 날카로운 분위기를 준다. 대체로 전두부 부분의 볼륨을 강조하되 다른 곳의 볼륨은 최소화한다.

펌 헤어스타일

유니폼 레이어 및 솔리드 형으로 커트를 해서, 톱 부분에만 볼륨을 주고 관자놀이 쪽은 전혀 볼륨이 가해져서는 안 되며, 양 볼에서 턱 선까지는 자연스러운 펌 웨이브로 볼륨을 주며 롤 스트레이트 펌으로 부드러운 이미지를 준다.

CHAPTER

06 펌 웨이브 디자인 분석

1. Basic Perm

1) 일반 디자인 펌

두발을 진단하여 펌 이전에 이물질을 제거해야 한다. 얼굴형에 따라 포인트에 볼륨을 강조한다. 유니폼 레이어, 미디움, 쇼트 커트형에 어울린다.

모발 길이나 퍼머넌트 웨이브의 굵기에 따라 다양한 형태를 연출할 수 있다.

비교적 숏트 커트의 굵은 퍼머넌트 웨이브는 드라이를 한 듯 웨이브가 형성되어 부분적으로 볼륨을 있어 손질이 간편하고 자연스러운 분위기를 연출할 수 있다. 펌 후 블로우 드라이를 할 필요없이 수건으로 털어 말린 후 브러싱하여 작품을 완성시킨다. 유니폼 레이어나 그래듀에이션에 적합하다.

시술 과정

① 모발 전체에 환원제를 도포한다.
② 전체적으로 빗질을 하여 모발 끝으로 흘러내리지 않도록 한다.
③ 시술 시 로드의 선택은 모발 기장에 따라 와인딩한다.
④ 톱에서 백과 네이프 방향으로 와인딩한다.
⑤ 각도는 톱에서 온 베이스(120도 이상), 백에서 하프 베이스(90도), 네이프는 오프 베이스(45도)를 유지하며 와인딩한다.
⑥ 앞머리를 3:7 가르마로 등분하고 모발 길이에 따라 응용할 수 있다

2) 스트레이트 펌

긴 모발을 자연 모발 상태로 유지하면서 시술 과정에 퍼머넌트 웨이브제 속에 영양제를 첨가시켜 손상모의 건조를 막고 윤기를 돕는다. 인크리스 레이어 및 솔리드형에 적합하다.

시술 과정

① 시술 전 모발에 환원제를 도포하여 먼저 연화시킨다.
② 두발을 5등분 블로킹한다.
③ 네이프 쪽에서 2~2.5cm 슬라이스를 떠서 스트레이트 판을 밑에 받친다.
④ 크림 환원제를 고르게 펴서 매끈하게 빗질을 한다.
⑤ 와인딩이 끝나면 모발의 상태가 마르도록 30분에서 1시간 정도 자연 방치해 준다.

<롤 스트레이트 펌>

모발이 목선 정도의 끝 부분을 C컬로 만들어 모발의 볼륨감을 주며, 다양한 연령층에서 선호한다. 원랭스 그래쥬에이션형에 어울린다.

시술 과정

① 두발을 5등분으로 블로킹한다.
② 슬라이스는 2~3cm 폭으로 뜬다.
③ 톱과 크라운 쪽은 스트레이트 판으로 시술하며 끝을 한바퀴 반을 와인딩한다.
④ 백과 네이프선은 롤로 만다.

3) 볼륨 펌

두상이 작고 두발의 숱이 적은 고객에게 알맞은 펌이다. 두발의 볼륨감을 살려주는 기법이며 두발을 풍성하게 만들 수 있다. 로드의 굵기에 따라서 웨이브가 다르게 형성된다.

시술 과정

① 두발을 5등분으로 블로킹한다.
② 가는 로드와 굵은 로드를 번갈아주면서 교대로 와인딩한다.
③ 가는 로드가 들어가는 부위는 기본 퍼머넌트 기법과 동일하며 굵은 로드는 로드의 굵기보다 슬라이스의 양을 약 0.2㎝ 정도 적게 떠서 와인딩한다

4) 위빙 펌

슬라이스와 슬라이스 사이에 생머리를 남기고 웨이브와 직모가 교차하도록 시술한다. 슬라이스 폭 1/3 가닥은 시술하지 않고 생머리로 남겨둔다. 인크리스 레이어에 적당하다.

시술 과정

① 두발을 4등분으로 블로킹한다.
② 네이프 라인에서 2.5~3cm의 파트를 나누어 2~2.5cm만 와인딩한다.
③ 네이프에서 와인딩을 시작하며 슬라이스는 세로로 떠서 중간 로드를 사용한다.
④ 네이프 와인딩 각도는 45도로 하며 웨이브와 스트레이트 모발과의 조화를 이룬다.
⑤ 펌의 장점은 머리숱이 많을 경우 모발의 부피감이 적어 보인다.

5) 트위스트 펌

트위스트는 '비틀어 돌리다'의 뜻으로, 슬라이스를 비틀어 꼰 다음에 로드를 대고 손목을 돌려 와인딩하는 스파이럴식 펌 웨이브이다. 모발을 꼬아 주면서 와인딩함으로써 모발 끝 부분에서 두피까지 강한 웨이브를 형성한다. 웨이브 굵기는 로드 크기와 비례해서 조절할 수 있다. 인크리스 레이어형에 잘 어울린다.

시술 과정

① 두발을 4등분으로 블로킹한다.
② 네이프 라인에서 2.5~3cm 폭으로 파트를 나눈다.
③ 세로 2~2.5cm 넓이로 슬라이스하여 모근에서 모간 방향으로 로드에 모발을 꼬면서 와인딩한다.
④ 로드 굵기는 모발의 길이에 맞추어 선택한다.
⑤ 가로 폭이 넓을수록 볼륨이 적고 폭이 좁아질수록 강한 웨이브가 생기며 꼬임에 의한 독특한 질감과 볼륨감을 준다

6) 샤기 펌

살아 움직이는 듯한 생동감을 주는 샤기 펌은 커트 라인과 질감을 느낄 수 있도록 세심하게 주의를 요구한다. 주로 젊은층에서 선호하는 스타일이다.

시술 과정

① 블로킹은 5등분으로 한다.
② 전두부와 사이드 부분은 스트레이트 펌으로 한다.
③ 톱에서 후두부까지는 중간 정도의 로드를 사용해 와인딩한다.
④ 모발 숱이 많은 사람은 삼가하는 편이좋으며 숱이 적은 미디움 스타일은 멋있는 연출을 할 수 있다.

2. 응용 펌

1) 호일 펌

로드를 사용하지 않고 짧은 모발을 이용하여 호일에 감싸 트위스트처럼 꼬아주어 활동적인 이미지로 젊은층들에게서 많이 행해진다.

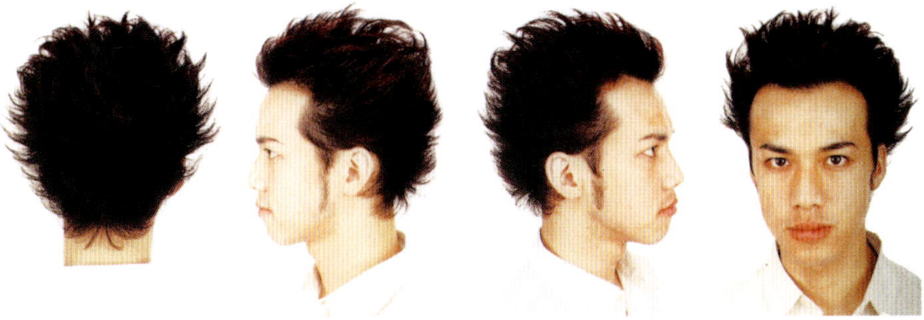

시술 과정

① 제1제 도포하기
② 와인딩 하기(온 더 베이스, 가로, 세로 1cm의 정사각형 섹션을 나눠서 벽돌쌓기 섹션으로 한다. 모발을 두피에서부터 한 쪽 방향으로 꼰 후 호일을 감싸서 다시 같은 방향으로 꼰다.)
③ 프로세싱 타임
④ 테스트 컬
⑤ 제2제 도포(호일을 벗겨내고 분무기나 중화 거품기를 사용하여 도포한다.)
⑥ 미지근한 물로 헹구기, 린스하기
⑦ 스타일링하기

2) 드레드 펌

흑인 모발과 비슷한 컬로 백콤을 이용한 펌이다.

시술 과정

① 제1제 도포하기
② 와인딩 하기(온 더 베이스, 사각형 섹션을 나눠서 벽돌쌓기 섹션으로 한다. 모발을 두피에서부터 한 쪽 방향으로 5회 이상 꼰 후 모발 끝에 엔드 페이퍼를 대고 철사와 함께 돌려 들어간다. 두피 근처에서 철사를 구부린다.)
③ 프로세싱 타임
④ 제2제 도포
⑤ 미지근한 물로 헹구기 린스하기, 스타일링하기
⑥ 스타일링내기

3) 엘리베이션 펌

로드를 겹쳐 쌓아올리는 방식의 와인딩 방법으로 자연스러운 웨이브가 연출되며, 중간 이상 긴 머리에 주로 응용되는 퍼머넌트로 네이프 쪽에 컬을 많이 주고자 할 때 디자인한다. 일반적으로 두발의 길이, 형태, 단차에 따라 다양한 형태의 부드럽고 여성스러운 웨이브가 나온다. 와인딩 시 균일한 텐션을 유지하도록 하며, 와인딩이 끝난 후 스틱을 이용해 컬이 균일하게 형성되도록 한다. 원랭스, 그래듀에이션 레이어, 업 · 다운 혼합 스타일로 다양한 크기의 로드를 사용해 웨이브를 만들어 줄 것이다.

시술 과정

① 제1제 도포하기
② 와인딩 하기(와인딩하면서 스틱을 꽂아 로드의 균형과 중심이 흐트러지지 않도록 한다.)
③ 프로세싱 타임
④ 제2제 도포
⑤ 미지근한 물로 헹구기 린스하기, 스타일링하기
⑥ 스타일링내기

4) 쉐도우 펌

일반 로드나 핀컬 작업을 통하여 한 듯 안 한듯한 자연스런 웨이브를 만들어 내는 펌을 말하며 남자들이 선호하는 펌이다.

시술 과정

① 제1제 도포하기
② 와인딩 하기(로드를 사용하지 않고 모발 끝에 솜이나 엔드 페이퍼를 댄 후 핀컬 작업을 한다. 볼륨이 필요한 부분은 스탠드 업 컬, 그렇지 않은 부분은 플랫 컬을 시술한다.)
③ 열처리
④ 프로세싱 타임
⑤ 테스트 컬
⑥ 제2제 도포
⑦ 미지근한 물로 헹구기, 린스하기
⑧ 스타일링하기

3. 열 펌

1) 매직 스트레이트

파상모나 웨이브가 형성된 모발을 직모와 같이 반듯하게 펴주는 열기구를 이용한 스트레이트 펌을 말한다.

시술 과정

① 알칼리 샴푸제로 샴푸하기
② 제1제 도포(모근에서 1cm 정도 띄우고 제1제 도포하고, 연화하기)
③ 연화 테스트
④ 미지근한 물로 헹구기
⑤ 냉풍으로 말리기
⑥ 프레스 작업하기(네이프에서 톱쪽으로 시술하며 섹션, 두상 각도 90°로 한다.)
⑦ 제2제 도포(10분 자연 방치)
⑧ 미지근한 물로 헹구기, 린스하기
⑨ 냉풍으로 말리기

2) 세팅 펌

세팅 펌은 일반 로드를 이용한 펌과 달리 수소 결합을 이용한 펌으로서 굵고 자연스러운 웨이브가 4~5개월 지속되며 손질이 간편한 장점이 있다.

시술 과정

① 알칼리 샴푸제로 샴푸하기
② 제1제 도포(연화하기)
③ 연화 테스트
④ 미지근한 물로 헹구기
⑤ 냉풍으로 말리기
⑥ 와인딩 하기
⑦ 열선 연결하기(로드를 만져보아 열이 들어왔는지 확인한다.)
⑧ 테스트 컬
⑨ 제2제 도포(10분 자연 방치)
⑩ 미지근한 물로 헹구기, 린스하기
⑪ 냉풍으로 말리면서 스타일링하기

3) 디지털 펌

디지털 펌은 세팅 펌과 같은 열 펌의 한 종류이지만 세팅 펌보다 다양한 로드와 온도 조절이 간편하여 모발 손상을 줄일 수 있고 짧은 모발에도 시술이 가능한 장점을 지니고 있다.

시술 과정

① 알칼리 샴푸제로 샴푸하기
② 제1제 도포(연화하기)
③ 연화 테스트
④ 미지근한 물로 헹구기
⑤ 냉풍으로 말리기
⑥ 와인딩하기
⑦ 열선 연결하기(로드를 만져보아 열이 들어왔는지 확인한다.)
⑧ 테스트 컬
⑨ 제2제 도포(10분 자연 방치)
⑩ 미지근한 물로 헹구기, 린스하기
⑪ 냉풍으로 말리면서 스타일링하기

4) 아이롱 펌

자연스러운 C컬이나 S컬을 형성하는 퍼머넌트 웨이브로 짧은 모발의 볼륨감 형성이나 미디움 모발을 위한 웨이브로 모발 숱이 적은 모발이나 강한 직모에도 활용할 수 있는 펌이다.

시술 과정

① 알칼리 샴푸제로 샴푸하기
② 제1제 도포(연화하기)
③ 연화 테스트
④ 미지근한 물로 헹구기
⑤ 냉풍으로 말리기
⑥ 열선 연결하기(로드를 만져보아 열이 들어왔는지 확인한다.)
⑦ 와인딩 하기(뿌리 볼륨을 위해 T.P~G.P까지 먼저 아이롱으로 와인딩 한 후 모선 부분을 와인딩한다.)
⑧ 테스트 컬
⑨ 제2제 도포(컬의 흐트러짐을 막기 위해 업스타일 망을 씌워 분무기로 도포한다. 10분 자연 방치)
⑩ 미지근한 물로 헹구기, 린스하기
⑪ 냉풍으로 말리면서 스타일링하기

<베이직 펌 사진>

〈일반 디자인 펌〉
동아TV '02-03 F/W

〈일반 디자인 펌〉
에스테티카 2002.9

〈롤 스트레이트〉
마리끌레르 2007.3

〈볼륨 펌〉
ESTETICA (Italia) 2002.09

〈트위스트 펌〉
ESTETICA (Italia) 2003.03

<응용 펌 사진>

〈드레드 펌〉

〈랩 드레드 펌〉
뷰티라이프 2007.9

〈쉐도우 펌〉
마리끌레르2007.3

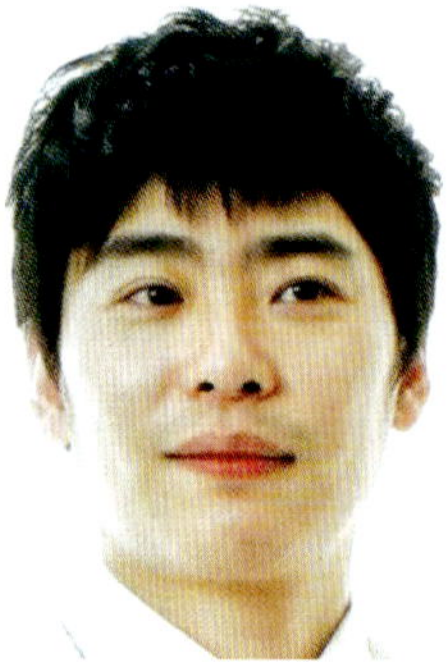

〈쉐도우 펌〉
마리끌레르2007.3

〈쉐도우 펌〉
ESTETICA (Italia) 2002.03

<열 펌 사진>

〈매직 스트레이트〉
동아TV '02-03 F/W

〈디지털 펌〉
다음카페-미용주유소

〈디지털 펌〉
다음 카페-미용주유소

〈아이롱 펌〉
에스테티카 2002.9

〈세팅 펌〉
마리끌레르 2007.3

〈세팅 펌〉
마리끌레르 2007.3

CHAPTER

07 퍼머넌트 웨이브와 결과

1. 퍼머넌트 웨이브가 잘 나오지 않은 경우

1) 모발에 원인이 있는 경우

문제성 모발	대 책
저항성 또는 발수성 모발인 경우	pH가 높은 티오글리콜산염의 약제와 열기구 이용 와인딩 시 텐션 요구됨
힘이 없는 모발	트리트먼트나 에센스 처치 후 탄력 있게 와인딩
금속 성분이 묻은 모발이나 금속 염색 후 모발	금속 성분 제거 후 시술
경수의 비누로 모발을 감은 경우	샴푸제로 모발의 칼슘 비누막 제거 후 시술

2) 용제에 퍼머넌트 웨이브제 원인이 있는 경우

문제성 약제	대 책
공기에 노출된 쓰다 남은 환원제	환원제가 산화되면 디티오글리콜리산으로 변하므로 효력 상실 아플리케이터 속의 남은 약제는 빨리 쓰거나 버리는 것이 원칙
변색이나 침전물이 있는 약제	변색은 화학변화를 일으킨 것으로 사용하지 말며 퍼머넌트 웨이브제는 냉암소에 보관

3) 기술상에 원인이 있는 경우

기술상의 문제	원 인	대 책
웨이브가 나오지 않은 경우	충분히 연화가 되지 않은 경우 (프로세싱을 짧게 본 경우) 제1제의 양이 모자란 경우 온도가 낮은 경우 산화가 불충분한 경우	모발 상태 확인 후 재시술
웨이브의 탄력이 없는 경우	산화가 제대로 되지 않은 경우 펌 후 모발에 과도한 텐션을 준 경우 펌 후 샴푸한 경우	모발 상태 확인 후 재시술
웨이브가 고르지 못한 경우	펌 웨이브제가 고루 도포되지 않은 경우 산화제가 고루 도포되지 않은 경우	모발 상태 확인 후 재시술
모발 끝이 까칠한 경우	모발보다 강한 웨이브제를 선정한 경우 손상 모발의 과도한 오버프로세스 결과 과도한 텐션을 준 경우 잦은 화학제품 사용 시	상한 모발 커트 트리트먼트로 유·수분 보급
모발이 부서지는 경우	과도한 텐션 로드와 고무밴드가 엇갈려 꺾인 경우 고무밴드가 과도하게 타이트한 경우 과도한 오버 프로세스 결과 잦은 화학반응 노출 시	정기적인 커트 트리트먼트제로 영양 공급 충분한 유·수분 보급 가급적 화학제품 사용금지
두피의 웨이브가 꺾인 경우	헤어밴드에 와인딩한 모발이 눌린 경우 와인딩된 모발이 꺾인 경우 비닐 캡이나 외부적 압력이 계속된 경우	스틱 사용 와인딩된 모발이 눌리지 않게 한다.

2. 두피와 모발의 트러블이 생긴 경우

1) 두피 트러블

두피 트러블	원 인	대 책
헤어라인이 따끔거리거나 부은 경우	헤어밴드에 묻은 퍼머넌트 웨이브제가 피부에 과도하게 접촉된 경우	찬물로 깨끗이 헹굼 심한 경우 의사의 처방
두피가 붉거나 진물이 나는 경우	박테리아에 의한 감염	의사의 처방
두피에 비듬이 생긴 경우	두피에 퍼머넌트 웨이브제가 묻은 경우 두피가 과도하게 건조한 경우	두피에 묻은 퍼머넌트 웨이브제 제거 충분히 헹굼(양파 린스) 오일을 이용한 두피마사지 혈액순환 도모

2) 모발 트러블

모발 트러블	원 인	대 책
모발이 붉어진 경우	모발에 남은 알칼리제와 브롬산나트륨 성분	충분히 모발을 헹구고 산성 린스로 마무리
모근이 까칠한 경우	두피에 묻은 과도한 퍼머넌트 웨이브제	로드에 감긴 모발에만 퍼머넌트 웨이브제 도포 모근의 무리한 텐션 자제
모발 끝이 꺾인 경우	빗질이 제대로 안 된 경우 로드에 모발을 제대로 감지 않은 경우	엉키거나 뻗으므로 잘라낸다.
모근의 단모 현상	과도한 고무밴드 고무밴드에 로드가 꺾인 경우	적당한 텐션의 고무밴드 사용 균형있는 고무밴드 걸기 적절한 퍼머넌트 웨이브제의 양 조절, 스틱 사용
모발 끝의 지모 현상	과도한 화학제품 노출에 의한 모발 결합 상실 노화된 모발의 손상 현상	정기적인 커트 손질 트리트먼트로 손질

Hair perm wave DESIGN

INDEX

찾아보기

ㄹ

ㅁ

ㅂ

ㅅ

ㅇ

ㅌ

ㅍ

참고문헌

- 곽형심, 김순희, 전선정, Art of Wave, 청구문화사, 2000
- 권미윤 박선주 조성일, Scalp & Hair Care, 형설출판사, 2005
- 고경숙, 윤복연, Permanent Hair Wave Design, 훈민사, 2004
- 김한식, 모발생리학, 현문사, 1997
- 미용기초기술(Ⅰ), 보성사, 2000
- 유현주, 김미선, 김상은, 송희라, 이수인, 정지영, Permanent Wave on Hair, 청구문화사, 2004
- 이의수, 모발과학, 현문사, 1999
- 최근희, 김순희, 이근광, 김운주, 곽형심, 김태윤, 이문환, 정지영, 봉채환, 유유정, 김희선, 권대순, 모발과학, 수문사, 2001
- 최영희외 4인, 퍼머넨트 웨이브 및 헤어컬러링, 청구문화사, 1995
- 최영희외 4인, 모발관리학, 청구문화사, 1995

헤어펌 웨이브 디자인

2016년 3월 2일 1판 1쇄 인쇄
2016년 3월 7일 1판 1쇄 발행

지은이: 권미윤 · 최영희 · 이부형 · 안영희
펴낸이: 박정태

펴낸곳: **광 문 각**

10881
경기도 파주시 파주출판정보단지 광인사길 161
광문각빌딩 4층
등 록: 1991. 5. 31 제12-484호
전화(代): 031)955-8787
팩 스: 031)955-3730
E-mail: kwangmk7@hanmail.net
홈페이지: www.kwangmoonkag.co.kr

ISBN: 978-89-7093-797-7 93590

정가 : 22,000원

한국과학기술출판협회회원
KSPA